彩图版

习茶精要详解

上册 习茶基础教程

周智修 编著

中国农业出版社

图书在版编目（CIP）数据

彩图版习茶精要详解 上册 习茶基础教程 / 周智修编著. — 北京：中国农业出版社，2018.7（2022.6重印）
ISBN 978-7-109-23632-5

Ⅰ.①彩⋯　Ⅱ.①周⋯　Ⅲ.①茶文化－中国　Ⅳ.
①TS971.21

中国版本图书馆CIP数据核字（2017）第299870号

中国农业出版社出版
（北京市朝阳区麦子店街18号楼）
（邮政编码100125）
策划编辑　李　梅
责任编辑　李　梅

北京中科印刷有限公司印刷　新华书店北京发行所发行
2018年7月第1版　2022年6月北京第4次印刷

开本：889mm×1194mm　1/16　印张：13.75
字数：300千字
定价：138.00元
（凡本版图书出现印刷、装订错误，请向出版社发行部调换）

序 一

茶叶是我国人民和世界很多国家人民生活的必需品，是世界上消费量仅次于水的健康饮料。中国是茶的原产地，更有深厚的文化底蕴和丰富多彩的饮茶习俗，客来敬茶成为中华民族传统礼仪。同时，中国是世界上第一大茶叶生产国和消费国，2017年中国茶园面积达到了305.9万公顷，产量267.9万吨，国内消费量约190万吨，出口34.4万吨。最近三十年，尤其是进入21世纪以来，依赖于茶叶科技进步和茶文化普及，我国茶产业得到了快速发展。科技是做大做强我国茶产业的基石，而文化是茶产业腾飞的翅膀。

近年来，随着茶与健康研究的不断深入和茶文化、茶艺茶道的普及，越来越多的人喜欢上喝茶，这对于促进茶叶消费和产业发展起到了重要的推动作用。茶叶中儿茶素、咖啡因和茶氨酸等功能性成分对于人体有重要的保健作用。科技工作者每年发表茶与健康功能研究的论文约七百篇。根据文献的报道，茶叶对健康有以下作用：一，对缓解心血管疾病和代谢综合征有积极的作用。茶叶中的茶多酚确实可以减脂，可以降低体重和低密度胆固醇。二，对癌症有预防作用。大量的动物实验结果证明，茶多酚类化合物对癌症具有抑制作用。三，茶对神经退化性疾病有预防作用。四，饮茶可以抗氧化，延缓衰老，帮助人健康长寿，等等。饮茶不仅能解渴，具有保健功效，同时，饮茶还可以怡情养性。

本书作者周智修研究员，与我共事二十多年，她长期从事茶叶科技推广和茶文化普及工作，培训的茶艺学员遍布全国各地和东南亚地区。她勤于思考，善于总结，对茶艺的内涵和思想有独到见解，提出了习茶应知与应会，并以图解的形式分解了九套茶艺的详细流程。"习茶精要详解"内容丰富、图文并茂、形式新颖，是习茶者和饮茶爱好者不可多得的图书。

我自幼开始喝茶，已坚持喝茶八十年，研究茶叶五十多年。"饮茶一分钟，解渴；饮茶一小时，休闲；饮茶一个月，健康；饮茶一辈子，长寿。"希望越来越多的人喜欢喝茶、开始喝茶、坚持喝茶！

谨以此为序！

陈宗懋

中国茶叶学会名誉理事长、中国工程院院士

中国农业科学院茶叶研究所研究员，博士生导师

序 二

认识周智修女士多年，最近，共同参加了一次学术活动。返程路上，智修说起正在写作"习茶精要详解"上、下册，并邀请我写序。

我算是资深茶客，说资深，其实仅是指喝茶的年头。茶喝了也有几十年了吧，要说对茶和茶艺的研究，就只能算是"打酱油"的了。智修是中国农业科学院茶叶研究所研究员、培训中心主任、中国茶叶学会常务副秘书长和茶艺专业委员会主任委员，在茶叶领域耕耘数十年，她组织的全国茶艺培训已是品牌项目，培养的茶艺师不计其数，说桃李满天下应不为过。

自知茶学资历不够，写这个序就有些心虚。不过，换个角度考虑，这本书的读者，应该也有不少非茶学专业人士，属于爱好者。所以，不妨就从朋友和读者的角度，说说对此书的一些感受。

有个大家都熟悉的成语，叫"开卷有益"，此话最早是宋太宗说的。宋太宗酷爱读书，处理国家大事之余，坚持日阅三卷，上千卷的《太平总类》一年就读完了。不过，根据我的读书体验，就当前书籍质量而言，这个沿袭千年的成语，现在需要打些折扣。

听人说过，来世上走一遭，总要留下一些东西，或者一个事业，或者一本书，或者一个孩子，才算不枉度人生。什么算是事业不好说，生孩子大多数人能做到，出书可就未必了。过去能出一本书，算是个人生涯中值得骄傲和庆幸的大事。而如今，一方面，出版技术日新月异，出书方式多种多样，新的传媒载体层出不穷；另一方面，红尘滚滚，人心浮躁。两个因素叠加，导致出书变得相对容易，而图书质量则是鱼龙混杂，良莠不齐。

我算是个爱茶人，也是爱书人。十一二岁时，就常在家长要求熄灯睡觉后，仍躲在被窝里打着手电筒看书，至今也有五十多年的读书经历了，目前还担任着一些全国性图书评比活动的评委。我读到过不少好书，常有一书在手、夫复何求的感受。可平心而论，现在这种读书的快感越来越少。有些书看了之后，并非获益匪浅，而是获益非常浅，不仅浪费时间，有些书的内容还有不少负能量。

然而，我看完智修这本书，不仅获益良多，并且还有惊喜。

"习茶精要详解"内容覆盖面广，可视为习茶大全。书中后半部内容主要是行茶要领，我对此不熟悉，无从置喙。前半部内容则集中论述了习茶的文化和内涵，我说的惊喜，主要来自这部分的阅读感受。对此，我感受较深的有两点：一是习茶需要智慧，二是习茶需要修养。

习茶需要智慧

看过不少茶艺演示，有个感觉，有些茶艺逐渐偏离习茶本意，看起来更像文娱表演。看时赏心悦目，过后就像风吹过，云走过，什么都没留下。

"习茶精要详解"上册开篇即鲜明提出："习茶是借由煮水、烹茶来启发人生智慧。"这个观点，成为贯穿全书的重要脉络。书中用许多篇幅论述了习茶的精神和文化层面内容。过去也看过一些相关论述，不过像本书这样系统地阐述，且能体现出一定思考深度的并不多见。

作者将这方面的内容概括为习茶七要、七则、七美、七境和七忌，重点落在习茶的内涵。其中，作者融入了许多国学知识，包括一些中国古代哲学理念，认为要从本质上理解茶，将哲学融入茶学，我认为这不但是必要的，而且是必须的。

对葡萄酒有些了解的人，大多知道近代微生物学奠基人路易·巴斯德（Louis Pasteur）的一句话："一瓶葡萄酒所包含的哲学，超过世界上所有的书。"茶亦如此。一杯清茶里的哲学，也许可以浓缩中国古代哲学的精髓。

茶是世界三大饮品之一，地球上每五个人中就有两个人喝茶。中国是茶的发源地，也是茶的生产和消费大国，无论从哪个角度看，茶都是很东方、很中国的。流行文化里使用中国元素，常会用红灯笼、旗袍、熊猫、中国结等，然而，这些符号相对表面化。茶、中医、古琴、围棋、书法、国画、庙宇、四合院、太极拳等，才真正从里而外地烙刻着中国印记，它们体现了中国传统文化的内涵，蕴含着中国古代哲学的思维。

比如，**中国哲学讲究中庸**。儒家提倡中庸之道，《中庸》说："中也者，天下之大本也。"中庸不是平庸，不是没有特点和个性，凡事和稀泥。所谓中庸，核心在于"度"的把握。只有善于调控，懂得节制，精于平衡，才能不走极端，做到不偏不倚，不亏不盈，通权达变，节制均衡。在平衡方面臻于完美，这属于大智慧，是很难达到的境界，失之毫厘，差之千里。

在饮品中，好口感的关键，也在于各种味道要素达到了最佳平衡。好的葡萄酒要看酸与涩的平衡，好的咖啡讲究酸与苦的平衡。至于茶，正如本书在论及水温时提到，茶的香气与咖啡因、茶多酚等苦涩味物质的溶出，就存在平衡问题。用高温泡凤凰单枞，香高，但是会苦涩。用75℃的水温来泡单枞茶，茶的香气和滋味就会相得益彰。所以，泡茶时要"找到一个平衡点，让茶的香气、汤色、滋味等发挥到'恰到好处'"。

再比如，**中国哲学注重和谐**。世间万物，并不是非黑即白、你死我活的关系，而是对立统一的整体。和谐是自然生存发展的根本法则，"和也者，天下之达道也。"正所谓相克相生，相辅相成。太和万物，和合包容。和衷共济，和而不同。儒家重视知行合一，仁而有序；禅宗强调情理合一，圆融静寂；道家追求天人合一，物我两忘。

和谐意味着包容。海纳百川，有容乃大。跳跃之溪，奔腾之河，汇入大海后，都归平和。善于接收，说明成熟，也意味着丰满醇厚。和谐，不是什么都没有，而是什么都有。好的调酒师，会将不同品种、不同庄园、不同风格的酒进行调配，充分发挥各种基酒的长处，弥补缺陷。波尔多的红酒，可以使用十几种葡萄进行拼配，以达到最好的香气。好的香港奶茶，也会使用多种红茶进行拼配，使其更加醇厚香浓。普洱茶中，班章为王，现在流行纯料，实际上，资深老茶客倒认为，纯班不如拼班好喝。著名的大红袍传统工艺传承人陈德华先生也认为，好茶拼配是为了提高品质，是在做优化，取长补短，优势互补。

还比如，**中国哲学崇尚自然**。《老子》称："人法地，地法天，天法道，道法自然。"信奉自然，适应自然，顺其自然而成其所以然，是万物运行的秩序，是生命的内在规律，也是生存的基本智慧。

法国勃艮第地区酿造葡萄酒，强调土地精神，讲究Terroir，大致意思是"风土"。他们还创造了一个词"Climat"，指的是一种特定小气候，大致涵盖了土壤、气温、阳光、雨水等自然环境，还为此申请了世界文化遗产。茶与葡萄酒一样，都是大自然孕育的作品，因此，茶也同样讲究Climat。葡萄藤和茶树都是植物，与动物相比，植物更加依赖自然环境，与周围的土地融为一体，一辈子不离不弃。一方水土养一方人，什么样的环境出什么样的茶。品茶，品的实质是那方水土。喝武夷岩茶要喝正岩的，小种红茶要喝正山的，龙井要喝狮龙云虎梅的，最好是狮峰的。说起普洱，则离不开六大茶山。所谓好茶，就是浓缩了其生长的自然环境精华的"生命液体"。梅有骨而竹有节，水能言而茶能语。只是，茶如果真的开口说话，一定不是普通话，而是本地特色方言。

品茶要信奉自然，习茶礼仪也如此。我在阅读本书时看到一些细节，十分讲究。比如，书中要求"行茶的动作，无处不弧，无处不圆。手掌手指手臂不宜僵硬僵直，自然放松弯屈即成弧，两弧相抱即成圆。"我理解这也是顺应自然的一种体现。西班牙建筑大师安东尼·高迪（Antonio Gaudi Cornet）的所有作品，完全看不到直线。他认为，直线是人类的东西，上帝的作品都是曲线。他设计的米拉公寓，从墙面、屋檐、屋脊、阳台、栏杆到扶手，全都是起伏不平的蛇形曲线。他的另一个著名代表作是巴塞罗那的圣家族大教堂，走进去如入森林，因为所有石柱都如同树木的枝杈。

说到这里，我想起日本茶道的一代宗师千利休。秋日，千利休的儿子打扫茶道庭院，打扫完毕后千利休却不满意。儿子说很干净了，已经一尘不染。千利休走过去，摇动树枝，金色和深红色树叶飘落满地，他说，这才是适合饮茶的自然环境。

习茶需要修养

世间事物，有俗的，有雅的。亦俗亦雅的不多，茶算一个。

要说俗，柴米油盐酱醋茶，日常生活的旋律，大家谁也离不了，都是下里巴人。要说雅，琴棋书画诗酒茶，皆为阳春白雪。七俗七雅，唯茶均占。

茶进入人类生活，从满足生理需求开始，逐渐转为需要同时满足人的精神需求。雅俗兼备的二重性，要求习茶之人具备良好的自身修养，才有可能达到大俗至雅、大雅若俗的境界。

正如本书所言，"茶艺是有思想和灵魂的""泡茶技法固然重要，习茶者丰富的学识修养、丰富的人生阅历及生活体验，是决定意境格调高低的关键。"在书中，有众多内容论述习茶礼仪，其中不仅涉及外在礼仪，更加关注内心自省，强调内外兼修，以实现"文与质的完美统一"，这是应该给予特别点赞的。

当然，书中习茶的很多要求一般人难以做到，不过，作为习茶的方向和目标提出来，仍然是必要的。书中论述的修养内容，有些颇能引发我的共鸣。

比如，书中提到，**习茶要心存感恩**。"以茶为载体，表达对人、对地、对天、对万物的尊重""没有敬，就没有礼""我们感恩大自然的赐予，感恩种茶人、采茶人、制茶人……存感恩之心的人，必定是幸福之人"。

茶与葡萄酒有太多相似之处，所以不妨还以葡萄酒做例子。在法国的勃艮第，常看到酒庄人斟完酒后，会舔掉酒瓶口或手指上的残留酒滴。这个动作细节，显露了勃艮第人的历史传统。公元11世纪，西都会（Citeaux）修士们来到这里开垦葡萄园，他们对土地无比热爱，用舌头品尝土壤，分辨土质。他们认为葡萄沐浴阳光，吸收雨露，集纳土地灵气，是大自然的慷慨馈赠，他们甚至愿意和葡萄同生死。正是这种态度和理念，才使勃艮第成为粉丝们心中的葡萄酒圣地。在葡萄酒世界，新贵们说：其实赶超波尔多并不难，但是，勃艮第太遥远。

书中还提到，**习茶要心存谦卑**。也许会有读者觉得不好理解。我的体会是，习茶要心存谦卑，可以有多重理解。

比如，**谦卑来自谦逊**。习茶是门大学问，茶海无涯，学无止境。习茶江湖，藏龙卧虎，人外有人，山外有山。许多表面上不露声色随意泡茶的人，举手投足，看似不经意，其实每个招式都有讲究，都是岁月的沉淀。"知不知，上。"知道自己还有很多不懂，才是懂得一些习茶道理了。

再进一层，**谦卑来自敬畏**。对自然之物的敬畏，对作为"百草之首、万木之花"的茶之敬畏。敬畏产生内敛。喝烈酒的人，时常可见比较张狂的，而真正的茶人，大多内敛低调，端正谦和，就像一棵安静的茶树。

更深一层，**谦卑来自品性**。我曾在日内瓦新广场北面的亨利·杜南（Henry Dunant）塑像前脱帽致敬。我崇敬这位红十字会创始人的原因，不仅是因为他和红十字会帮助过很多人，更是因为他说："我们应该学会谦恭地帮助别人。"对别人提供帮助，有人是用高高在上的姿态，也有的人是杜南说的这种。大海是谦卑的，它把自己降到最低，千山万壑的海拔都从海平面起算。同时，大海也是最高的，它是生命摇篮，万物归宿。

修养包括仪态举止，本书对此提出一些具体要求，包括"体态端正，服饰整洁，表情诚敬，言辞文雅"等。看到这里，觉得熟识，仔细一想，觉得这正是本书作者给人的印象。再回头一看，这篇序言写了几千字，其实只说了两个词：一是"智慧"，二是"修养"。而这两个词，正好契合了作者的名字。名如其人，文如其人，作者写的，也正是她身体力行的。

我见过许多如同智修女士一样的习茶者，从里至外透着茶的优雅。至于什么是茶的优雅，则一言难尽。因为，这不仅是仪态举止，更是一种精神气质。也希望，通过学习，通过阅历，能有越来越多具备这种气质的习茶者。

中国科协书记处原书记

前 言

记得十年前，我与我的同事在杭州接待一位在联合利华工作的英国人。他说："我家三代人做茶，我爷爷做茶，我爸爸做茶，我也做茶。所以，我的血液里流的都是茶！"当时我非常惊讶，这位来自英国的年轻人如此喜欢茶，如此敬业，对茶有极其深厚的感情。

时间再回到2008年5月12日，汶川大地震让许多中国人承受了刻骨铭心的痛。5月15日晚，当我们含泪从电视上看到救援人员从废墟中挖出一个活着的男孩时，真是欣喜若狂！男孩被抬上担架后，他没有忘记"那个约定"，他说："叔叔，我要喝可乐，要冰冻的。"之后，这个男孩被称为"可乐男孩"。欣喜之余，这位"可乐男孩"也让茶人们深思。

几年前，美国佛罗里达大学柑橘研究与教育中心的Fred G. Gmitter Jr. 教授应邀来我家喝茶，从晚饭后一直喝到深夜，品饮了六大茶类中各有特色的七八款茶，包括碧螺春、缙云黄茶、金观音、大红袍等。我们围绕茶交谈甚欢，他临走时给我们写下一段话："No tea, no life. Know tea, know life."这是一位有二十年喝茶史的美国人对茶的感悟。我拿着这位美国学者写的字，感慨万千！我们的年轻一代，有些人不喝祖先已喝了几千年的茶而喜欢喝外来的饮料！我们似乎在丢失些什么。相反，有些外国朋友对中国的茶及茶文化兴趣越来越浓厚，甚至对茶还很有感悟。作为从事茶叶工作二十多年的茶人，我觉得有责任、有义务做点什么，这是我写"习茶精要详解"的原因之一。

茶起源于中国，世界上第一次出现"茶道"两个字是在唐代诗僧皎然的茶诗中。一千多年来，从陆羽的"精行俭德"，到赵佶的"致清导和"，再到张源的"精、燥、洁，茶道尽矣"，历代文人、帝王不断丰富和发展"茶道"的内涵，茶道思想逐渐融入了中国儒、释、道三大传统文化的思想精髓。从另一个角度来看，茶实际上是传统文化很好的载体。所以，我认为，要了解中国文化，可以从习茶开始，习茶可以传承中国传统文化，习茶可以坚定文化自信，这是我写"习茶精要详解"的第二个原因。

　　"知行合一"是明代哲学家王阳明的重要思想之一。他认为，知、行不可分开，知就是行，行就是知。知而不行为未知，行而不知为无行。受这位家乡哲学家"知行合一"思想的启发，我在"习茶精要详解"内容安排上下了一些功夫，将书分上、下两册，上册主体内容为"习茶应知"和"习茶应会"，用图两千多张，由我亲自演示；下册主体内容是泡、煮、点等九套茶艺修习，也用了两千多张图片，是在我的设计指导下，大多由学生演示，重点是茶艺流程。"知行合一"，以习茶来抵达"良知"，也许是习茶的目标之一。

　　习茶是借由烧水、烹茶来启发人生智慧。"习茶精要详解"阐述了习茶的内涵和思想，首次为习茶归纳出七要、七则、七美、七境和七忌。"七要"是习茶必不可少的七个要素，包括茶、水、器、时、仪、心和神，前五者是物质要素，是基础；后二者是人的精神要素，是贯穿始终的核心，强调人的精神要素的重要性，特别是习茶的心态。当我们怀着敬畏之心、感恩之心、谦卑之心、平和之心来泡这杯茶时，我们会珍惜手中的这一泡茶，想方设法泡好这杯茶。"七则"是指习茶的七个准则、法则，其依据茶艺的核心思想所遵循的标准、原则或行茶法则，包括细致精准、方圆结合、恰到好处、慎始慎终、细雨润物、默契律动和道法自然，这七则也是行为处事的法则。"七美"是指茶艺的意境之七美。茶艺之美融合了儒、释、道三家的美学思想，既有儒家的平和中庸、文质彬彬的充实之美，又有道家返璞归真、天人合一的超凡脱俗之美，更有佛家的圆融、静寂之美。茶艺七美包括：真美、和美、静美、雅美、壮美、逸美、古美等，当然，茶艺之美不仅仅限于此。"七境"是指习茶的七个阶段，包括登堂入室、形神兼备、内外兼修、自觉自悟、技进乎道、从心所欲和度己度人。朱光潜先生在《谈美》的结尾告诫人们："慢慢走，欣赏啊！"人在欣赏美时得到人性和灵魂的舒展，"在欣赏时人和神仙一样的自由，一样有福"。所以，习茶犹如赴美学之旅、心灵之旅，习茶让我们的生活更美好！习茶永远在路上，没有终点。

我在中国农业科学院茶叶研究所一直从事茶叶科技的推广和茶文化的普及传播工作，培训的学员数以万计，分布在中国各省自治区、直辖市及日本、韩国、马来西亚、美国、意大利等国家。工作、学习、思考、探索、总结，再学习……这是我二十多年工作经历的真实写照，感谢中国农业科学院茶叶研究所给我这么好的平台，感谢所有指导、帮助过我的专家和同事们。在此，特别要感谢陈宗懋院士，对本书的框架结构和内容提出指导性意见，并欣然为本书作序；感谢俞永明研究员和阮浩耕编审，仔细审读并修改书稿，分别从科学和文化两方面把关；也要感谢读者的宽容。

"习茶精要详解"非学术专著，是实践、思考、探索的成果。由于水平所限，不妥之处，万望指正。

周智修

2017年9月

习茶应知

第一章

第二章

习茶器具

第三章

习茶应会

习茶应知

本章是习茶的理论基础和指导思想。

习茶之前，对茶和习茶有一个基本的认知，这是习茶前的准备，也是习茶的基础。

本章内容包括茶叶的本质、习茶内涵、茶艺涵义与思想、习茶七要、七则、七美、七境、七忌等。

本章重点：认识六大茶类的本质，理解习茶的涵义和思想，掌握习茶礼仪、七要、七则，领悟茶艺七美，了解习茶七境和七忌。

第一节
习茶内涵

茶艺是科学地冲泡好一杯茶，并以艺术的形式呈现，它蕴含传统文化的思想精髓和茶人的道德情怀。茶艺是有思想和灵魂的，指导茶艺的思想和灵魂就是"道"。饮茶既可养生又可修身，习茶是借由煮水、烹茶来启发人生智慧。

一、茶艺的涵义

"茶艺"这一词出现的时间并不长，20世纪90年代初开始在中国内地流行，不少学者曾对茶艺的涵义从不同的视角进行阐述。笔者结合自己二十余年茶艺实践与探索经验，在吸收诸位学者观点的基础上认为，"茶艺"是科学地冲泡好一杯茶，并艺术地呈现泡茶操作的过程，它追求过程美和茶汤美的协调统一，融入中国传统文化的思想精髓和茶人的道德情怀，是科学、文化、艺术与生活完美结合的综合艺术。它包含了四层涵义。

1.科学地冲泡好一杯茶

茶汤是茶艺创作者的作品之一,也是茶艺的落脚点。习茶者在充分认识茶叶本身的品质特征的前提下,综合运用泡茶技术与技巧,充分表达茶叶的色、香、味、形等特点。

2.茶艺演示是美的展示过程

茶艺是一门综合艺术。凡艺术都具有区别于其他社会活动的审美特性。茶艺集中浓缩了沏茶的形象美,又比沏茶更具有形而上的审美特性。茶艺是创作者审美理想的结晶,是美的创造的结果。它不仅以美感人,更以情动人,使人得到精神上的愉悦享受。茶艺之美包括形而下之美与形而上之美两部分。

形而下之美,即茶、水、器、品茗环境、仪容、礼仪、动作等。

形而上之美,即真、和、静、雅、壮、逸、古等审美意蕴。

3.茶艺内蕴思想与灵魂

茶艺是有思想和灵魂的,茶艺的思想和灵魂贯穿于整个茶艺创作过程中。茶艺演示者的动作、礼仪、思维活动和心理状态等,处处体现茶艺的思想和灵魂。

4.茶艺是情感的表达

茶艺是创作者的情感表达。任何一个艺术作品都是创作者的本性和情感的流露。行茶过程中,习茶者身随意转,意随心转,一碗茶汤盛装着创作者的心意!

二、茶艺的思想

茶艺在当代复兴时间虽短,但传承了拥有几千年深厚历史底蕴的茶文化的优秀"基因",这个"基因"就是茶艺的思想和灵魂。

1.陆羽提倡"精行俭德"

唐代茶圣陆羽的好友皎然留下著名诗篇《饮茶歌诮崔石使君》:

> 越人遗我剡溪茗,采得金芽爨金鼎。
>
> 素瓷雪色缥沫香,何似诸仙琼蕊浆。
>
> 一饮涤昏寐,情来爽朗满天地。
>
> 再饮清我神,忽如飞雨洒轻尘。
>
> 三饮便得道,何须苦心破烦恼。
>
> 此物清高世莫知,世人饮酒多自欺。
>
> 愁看毕卓瓮间夜,笑向陶潜篱下时。
>
> 崔侯啜之意不已,狂歌一曲惊人耳。
>
> 孰知茶道全尔真,唯有丹丘得如此。

在这首诗中,第一次出现"茶道"两个字。皎然没有阐述茶道的具体内涵,但提出了饮茶从"涤昏寐",至"清我神",再至"便得道"的修炼过程。

另一位唐代诗人卢仝的《走笔谢孟谏议寄新茶》脍炙人口，从中截取的"七碗茶歌"成为经典诗句，千余年来反复被后人吟诵：

一碗喉吻润，二碗破孤闷。

三碗搜枯肠，唯有文字五千卷。

四碗发轻汗，平生不平事，尽向毛孔散。

五碗肌骨清，六碗通仙灵。

七碗吃不得也，唯觉两腋习习清风生。

"七碗茶歌"，从喉吻润—破孤闷—搜枯肠—发轻汗—肌骨清—通仙灵到清风生，贴切地描述了饮茶后的身心感受——饮茶的感受从生理层面到精神层面升华的过程，抒发了文人的情怀。

关于茶道思想，陆羽《茶经·一之源》说："茶之为用，味至寒，为饮，最宜精行俭德之人。"卢仝在《走笔谢孟谏议寄新茶》中夸赞新茶"至精至好且不奢"。卢仝的"不奢"与陆羽的"俭"相一致。

2. 赵佶崇尚"致清导和"

宋徽宗赵佶在《大观茶论·序》中阐述："至若茶之为物，擅瓯闽之秀气，钟山川之灵禀，祛襟涤滞，致清导和，则非庸人孺子可得而知矣；冲淡简洁，韵高致静，则非遑遽之时可得而好尚矣。"赵佶认为茶的特质是：祛襟涤滞，致清导和，冲淡简洁，韵高致静。即茶淡泊平和，神韵清高，意态沉静，能够荡涤祛除人们胸中积滞之物、之情，引导人们趋向清静和谐。范仲淹的长诗《和章岷从事斗茶歌》中"众人之浊我可清，千日之醉我可醒"，即茶能够消除众人的污浊和千日的沉醉，让人清醒。朱熹说："茶本苦物，吃却甘。"均与宋徽宗的"致清导和"的思想一致。

3. 张源认为"精、燥、洁，茶道尽矣"

明代张源《茶录》再一次提到"茶道"一词："造时精，藏时燥，泡时洁；精、燥、洁，茶道尽矣。"

从宋代皇帝、历代文人对"茶道"的阐述可见，茶道思想实际上融入了中国儒、释、道三大传统文化的思想精髓。

4. "技进乎道"——茶艺与茶道

事茶者提出"茶艺"两字，到现在仅几十年时间，特别是近二十年，茶艺的内涵不断丰富和完善，茶艺的思想也不断明晰和丰满，"茶艺"两字被人们广泛接受。

唐代皎然提出了"茶道"，现代事茶者更接受"茶艺"，由此来看，起源于中国的茶道是否从中国消失或外传了呢？

其实，中国茶道并没有消失！中华民族是个内敛、含蓄的民族，老子"道可道，非常道，名可名，非常名"的思想深深烙在炎黄子孙的基因里，谦卑的茶人一般不轻易言"道"。那么，"道"在哪里呢？茶艺从技术跨越到艺术的同时，"技"亦进乎"道"。艺以载道，"道"是茶艺的思想和灵魂，是指导茶艺的理念。

当代茶学者们一直没有停歇过对茶道、茶艺思想的探索。我国茶学界泰斗庄晚芳先生提出"廉美和敬"的中国茶德思想，廉：廉洁育德；美：美真康乐；和：和诚处世；敬：敬爱为人。

张天福先生提出"俭清和静"的中国茶礼思想。

周国富先生提出"清敬和美"的中国茶文化核心思想，等等。

精、俭、清、廉、和、美、静、敬……是茶人们从不同的视角归纳总结了中国茶道精神。

5. 茶艺思想

中国古代哲学思想是以儒、释、道三者的交融互补而形成的，从而确立了中国传统文化母体的核心内涵。丁文先生在《茶乘》一书中详细阐述了茶与儒、释、道的历史渊源以及中国茶道所蕴含的儒、释、道三家的思想精髓。茶艺思想既有儒家入世的现实主义思想，又有释家淡泊出世的理想主义思想和道家的浪漫主义思想，入世与出世，现实主义、理想主义与浪漫主义，似乎对立？似乎矛盾？这也正是习茶的关键点，习茶者需要通过长期的修习，化解对立与矛盾，寻求它们的平衡点，做到恰到好处。

笔者认为，茶艺思想至少内蕴以下三层内容：

①天人合一，返璞归真，物我两忘，自我反省，内在觉悟，道法自然等修身

养性的道家思想。

②茶禅一味，无住生心，慈悲为怀，普济众生等普世的释家思想。

③精行俭德，温、良、恭、俭、让，仁、义、礼、智、信，敢于承担，追求真善美、乐生等入世的儒家思想。

三、习茶的涵义

儒家将修身作为做人的基础，认为做人要质朴、方正，要有德性。《孟子》中说："天下之本在国，国之本在家，家之本在身。"《大学》中说，修身最重要的功夫，是要诚意、正心，回到善良的人性上来。那人善良的本性是什么？就是孟子说的上天赋予人的仁、义、礼、智四种善端，这是人之所以为人的根基。明代哲学家王阳明说："不离日用常行内，直造先天未画前。"

1. 修养之道，礼教之仪

历代文人雅士、僧尼、平民将饮茶作为修身的重要手段之一。茶从卢仝"轻身换骨的灵丹"，到成为文人雅士"滋润心灵的文化符号"，数千年来，文人雅士饮茶不仅仅是为了解渴，也是为了达到心、身、灵的协调统一。

唐代刘贞亮认为茶有十德，茶可"散郁气，驱睡气，养生气，除病气，利礼仁，表敬意，尝滋味，养身体，行道，雅志"。明代朱权《茶谱》："予尝举白眼而望青天，汲清泉而烹活火，自谓与天语以扩心志之大，符水火以副内炼之功，得非游心于茶灶，以将有裨于修养之道也。"朱权认为饮茶有益于"修养之道"。当代茶圣吴觉农先生认为：把茶视为珍贵的、高尚的饮料，饮茶是一种精神上的享受，是一种艺术，或是一种修身养性的手段。庄晚芳先生认为："茶道就是一种通过饮茶的方式，对人们进行礼法教育、道德修养的一种仪式。"

2. 养生防病，愉悦心情

现代科学研究证明，茶叶含有许多对人体健康有益的物质，如茶多酚、儿茶素、氨基酸、咖啡因、茶多糖、维生素、芳香物质、矿物质元素等，这些物质具有调节生理、养生防病、愉悦心情的作用。

3. 发现"美好"，品味生活

现代人忙忙碌碌，可知，"忙"为心亡！于丹教授说："无论如何忙碌，手边总可以有一盏茶，除了解渴，还可以养心。在某一瞬间，如坐草木之间，如归远古山林，感受到清风浩荡。有茶的日子就是一段好时光。"让眼、耳、鼻、舌、身、意专注于一盏茶，让身放松，让心安宁。林语堂先生说，"以一个冷静的头脑去看忙乱的世界的人"，才能体会出"淡茶的美妙气味"。同样，以冷静的头脑去品味生活时，会发现生活的乐趣与情趣，茶让我们的生活更美好！

综上所述，饮茶既可养生又可修身。习茶是以茶为载体，通过烹茶尽具，以视觉、味觉、嗅觉、触觉、听觉，感受茶的形态、色泽、香气、滋味；领略行茶之涤器、赏器、煮水、点茶、品茶的茶韵之美；感悟茶中之道，明晰世界观、人生观、价值观，达到由形到心，逐步完善人格修炼的过程。

第二节
习茶礼仪

　　中华民族是礼仪之邦，"礼"是中国传统文化的核心之一。清华大学彭林教授认为：狭义地说，礼是指一种合于道德要求的行为规范。广义的礼包括合于道德要求的治国理念和典章制度，以及切于民生日用的交往方式等（《中华传统礼仪概要》）。礼仪对于我们炎黄子孙来说，体现出一个人的教养和品位。

　　以茶为载体，表达对人、对地、对天、对万物的尊重，这就是习茶之礼。

一、礼的起源

　　礼的传统由来已久，可追溯到三皇五帝时代。古代先民创造了礼学体系，其核心内容记录在《周礼》《仪礼》和《礼记》"三礼"中。

　　《周礼》又名《周官》，全书分为天官、地官、春官、夏官、秋官、冬官六篇，六官的架构，暗含着天地四方六合的宇宙格局。《周礼》是一部通过官制来表述治国方略的书，又涉及社会生活的所有方面，内容之丰富在中国古代文献中实属罕见。

"三礼"中，《仪礼》最早取得经的地位，是我国现存最早的记载古代礼仪程式的典籍。《仪礼》共有《士冠礼》《士昏礼》《乡饮酒礼》《士相见礼》等十七篇，内容可靠，涉及面广，从冠、婚、飧、射到朝、聘、祭，无所不备，犹如一幅古代生活的长卷。

《礼记》是《仪礼》的记，共四十九篇。此书广泛讨论了礼的本质、理论、运用等问题，富有哲理，为后人留下了弥足珍贵的思想资源。《礼记》在"三礼"中最晚取得经的地位，但却后来者居上，成为礼学大宗，大有取代《周礼》《仪礼》之势。《礼记》深入浅出，上探阴阳，下及民生日用，既能严礼乐之辩，又可究度数之详，是当今习茶者习礼的重要经典。

二、礼的本质和特性

人为什么要遵守礼？礼又是依据怎样的原则制定的？礼的本质和特性是什么呢？

1. 礼是合于理的行为准则

《礼记》说，"礼也者，理也"，又说"礼也者，理之不可易者也"。可见，礼就是理，是不可移易的理的体现。按照礼的要求去做，就是合理的。理是礼的灵魂。

2. 礼是人之所以为人的主要标志

《礼记·曲礼上》说，"人而无礼，虽能言，不亦禽兽之心乎"，人尽管会说话，不懂得礼，与禽兽之心差不多。所以，《礼记》又说，"为礼以教人，使人以有礼，知自别于禽兽"，让人懂礼，自觉地以礼修身，努力成为有理性的人。

3. 礼是对人性的合理节制

《中庸》开篇说："喜怒哀乐之未发谓之中，发而皆中节谓之和。中也者，天下之大本也。和也者，天下之达道也。致中和，天地位焉，万物育焉。"人要克制，让喜怒哀乐发而皆"中节"，将情绪控制在无过无不及的层次上，恰到好处，才是"和"的境界。

中、和，即《毛诗序》表述的"发乎情，止乎礼义"。礼是合于道的情性与行为。

4. 礼以敬为主

礼主于敬。《礼记》开篇就说："毋不敬，俨若思，定安辞，安民哉。"东汉郑玄解释说："礼主于敬。"认为所有的礼都以敬为主。礼是人的内心情感的外在表现。

人的情感中，哪种情感最为重要？是敬。所以，为了提示行礼者内心的敬意，几乎所有的传统礼仪中都安排了"拜"的礼节，包括揖、拜、对拜、答拜、稽首、再稽首等，尽管礼敬的轻重有别，但目的是要体现心中的敬意。可以说，没有敬，就没有礼。

5. 礼是文与质的完美统一

孔子说："质胜文则野，文胜质则史，文质彬彬，然后君子。"质朴胜过文饰，就显得粗野；文饰胜过质朴，就显得虚浮。只有内外兼修，文与质相得益彰，交相辉映，才是君子应有的风范。可见，礼是文与质的完美统一。

6. 礼是内在思想与外在仪式的完美结合

礼与仪的关系应如何理解？礼有两大要素，形式与思想。"仪"是"礼"的具体表现形式，"仪"是依据"礼"的规定和内容形成的一套系统而完整的程序。

仪是形式，是礼的外壳，思想才是礼的灵魂。只有仪式，没有思想，礼就成了没有灵魂的躯壳，仪式是为思想服务的。

三、以茶为礼

中国古代就有以茶为礼的记载。"三茶六礼"是中国古代传统婚姻嫁娶过程中的礼仪。"三茶"是指订婚时的"下茶"，结婚时的"定茶"和同房时的"合茶"。明代许次纾《茶疏·考本》载："茶不移本，植必子生。古人结婚，必以茶为礼，取其不移植子之意也。今人犹名其礼曰'下茶'。"古代人经过"三茶六礼"，男女双方结为夫妻，共同承担家庭的责任。

《华阳国志·巴志》载："周武王伐纣，实得巴蜀之师……漆、茶、蜜……皆纳贡之。"巴蜀以所产茶叶作为贡品，表达对周武王的敬意和诚意。

历代文人之间，赠茶表友爱、敬爱，礼轻情义重。唐宋诗人以谢茶为题吟诗，不乏脍炙人口的佳句。如白居易《萧员外寄新茶》"蜀茶寄到但惊新，渭水煎来始觉珍"，李群玉《答友人寄新茶》"愧君千里分滋味，寄与春风酒渴人"。

民间以茶待客表敬意。宋代杜耒在《寒夜》诗写道："寒夜客来茶当酒，竹炉汤沸火初红；寻常一样窗前月，才有梅花便不同。"寒夜客来，以茶代酒，清雅而不俗。谚语说"待客茶为先""好茶客常来""来客无烟茶，算个啥人家"……民间敬神祭祖、婚丧嫁娶都以茶为礼，客来敬茶成为中华民族传统礼仪之一。

四、习茶礼仪

习茶礼仪是茶艺的重要组成部分。

具有悠久历史和深厚底蕴的茶道（茶艺）与礼仪同为中华传统文化的组成部分，体现了中华民族共同的核心价值，作为炎黄子孙的中华茶人，应以奉行中华传统礼仪为己任！

1.习茶礼

习茶之礼的形式，按主体分，有习茶人的礼、品茗者的礼、品茗者与品茗者之间的礼。按形式分，有鞠躬礼、伸掌礼、示意礼、拜礼、揖礼、对拜礼、答拜礼、稽首礼、再稽首礼等。按场合分，有见面礼、迎接礼、奉茶礼、欢送礼等。

习茶礼的核心是敬，习茶之人把敬字"大写"，放在心中，心有德，对人、对自然有敬意、有敬畏之心。

2.习茶礼仪

仪是礼的形式，习茶礼的系统组合可以形成习茶礼仪。如：鞠躬礼、伸掌礼、鞠躬礼的组合，或是作揖、伸掌礼、作揖的组合，分别称为奉前礼、奉中礼、奉后礼，组成一个奉茶礼仪。

3.习茶礼深含敬意

面对面奉茶时，习茶者与品茗者之间的距离拉近。人与人之间的距离越近，心与心的距离也会越近，所以，有的茶室做得很小，这样人与人、心与心之间距离更近。奉茶礼仪表达习茶人对品茗者的浓浓敬意，体现礼的隆重！品茗者接受了习茶者的礼之后，一般要回同样的礼，称之为答谢礼。如条件有限，无法完成，可以简化为点一下头或说声"谢谢"，或者右手中指与食指弯屈，指节间面轻扣桌面，表示"叩谢"之意，也称为示意礼。

品茗者与品茗者之间也要相互礼让，互怀敬意，如进茶室、入座、品茶时，都可以让对方为先、以长者为先或以远道客人为先。这杯茶如果是先奉给我，可以礼让一下，品茶前，向身边的品茗者说一声："我先喝了。"

总之，发自内心的尊敬贯穿于习茶和茶事全过程，习茶者熟练运用茶礼，品茗者潜移默化，约定、无言、默契中以茶为载体，表达对人、对地、对天、对万物的尊重，这就是习茶之礼。

第三节

习茶七要

习茶七要是习茶必不可少的七个要素，又是组成习茶的基本单元。具体包括：茶、水、器、时、仪、心、神七个要素，前五者是物质要素，是基础；后两者是人的精神要素，是贯穿始终的核心。

一、茶

茶是七个要素中最关键、最根本的要素，识茶、鉴茶是泡好茶的基本功。

中国茶类丰富，根据鲜叶加工工艺不同和品质特征，分为绿茶、白茶、黄茶、青茶（乌龙茶）、红茶、黑茶六个基本茶类，每一个茶类中又有品目繁多的产品，还有再加工茶类，如花茶、工艺茶等。不同的茶类，不同的地域，不同的品种，不同的工艺，茶叶品质各不相同。

六大基本茶类加工工艺流程如下图所示。

六大基本茶类加工工艺流程

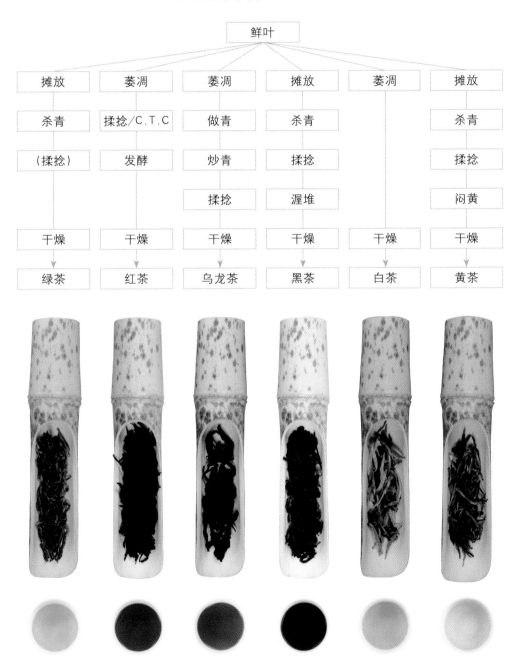

鲜叶

摊放	萎凋	萎凋	摊放	萎凋	摊放
杀青	揉捻／C.T.C	做青	杀青		杀青
（揉捻）	发酵	炒青	揉捻		揉捻
		揉捻	渥堆		闷黄
干燥	干燥	干燥	干燥	干燥	干燥
绿茶	红茶	乌龙茶	黑茶	白茶	黄茶

拿到一款茶，先要看它属于什么茶类，了解这种茶产于何地、何时等，再用标准的审评杯、碗，以科学的感官审评方法，对茶的品质进行审评。一般用3克或5克茶，茶水比1:50，置于相应的评茶杯，注满沸水，泡4分钟、5分钟或6分钟，沥汤，先看汤色，再闻茶香，后尝滋味，最后看叶底，全面了解茶叶的色、香、味、形等特点、等级及优缺点。国家标准《茶叶感官审评方法》（GB/T 23776—2018）对各种不同茶叶的外形、汤色、香气、滋味和叶底给出了不同的评分系数（见表"各类茶品质因子评分系数"）。虽然茶叶种类有数千种，可谓琳琅满目，但同一茶类有其基本的共同品质特征。

各类茶品质因子评分系数（％）

茶类	外形（a）	汤色（b）	香气（c）	滋味（d）	叶底（e）
绿茶	25	10	25	30	10
工夫红茶	25	10	25	30	10
（红）碎茶	20	10	30	30	10
乌龙茶	20	5	30	35	10
黑茶（散茶）	20	15	25	30	10
紧压茶	20	10	30	35	5
白茶	25	10	25	30	10
黄茶	25	10	25	30	10
花茶	20	5	35	30	10
袋泡茶	10	20	30	30	10
粉茶	10	20	35	35	0

习茶者在研习掌握六大基本茶类的品质特征的基础上（见表"六大基本茶类的主要品质特征"），再循序渐进地感知每款茶的本质，日积月累，形成一个对茶叶品质特征和等级的基本感知体系，这样就能对每一款要泡的茶做出基本的品质判断。这是一个不断学习、实践、思考、记忆的过程，需要长期的积累。

六大基本茶类的主要品质特征

茶类	外形		汤色	香气	滋味	叶底	
	形态	色泽				形态	色泽
绿茶	针形、扁形、条形、珠形、卷曲形、花朵形等	嫩绿、黄绿、嫩黄、深绿、墨绿等	嫩绿、浅绿、杏绿、黄绿、黄、嫩黄	毫香、嫩香、花香、清香、栗香、豆香、海苔香	浓厚、浓醇、浓鲜、鲜爽、鲜醇、清鲜、醇爽	芽形、条形、花朵形、整叶形、碎叶形	嫩绿、嫩黄、黄绿、绿亮
白茶	肥壮、芽叶连枝	墨绿、灰绿、白底绿面、黄绿	杏黄、橙黄、深黄、浅黄、黄亮	毫香、清鲜、鲜纯	清甜、醇爽、醇厚、青味	肥嫩	
黄茶	细紧、肥直、梗叶连枝、鱼子泡、弯曲	嫩黄、金镶玉、褐黄、黄褐	深黄、浅黄、杏黄、橙黄	清鲜、清高、清纯、板栗香、嫩香、毫香	鲜醇、醇爽、甜爽、醇厚	肥嫩、嫩黄、黄亮、黄绿	
青茶	蜻蜓头、壮结、螺钉形、扭曲、圆珠形	砂绿、青褐、乌润、鳝皮色、绿润	蜜绿、黄绿、金黄、橙黄、橙红、清黄	花香、果香、乳香、浓郁、馥郁、浓烈、清高、清香、甜香	韵显、浓厚、浓爽、鲜醇、醇厚、醇和	柔软、软亮、绿叶红镶边	
工夫红茶	细嫩、细紧、细长、弯曲、颗粒形	乌黑、乌黑油润、棕褐、金毫	红艳、红亮、玫瑰红、金黄、棕黄、红褐、橘红、橙黄（红）	花香、甜香、蜜香、果香、焦糖香、浓郁、松烟香	鲜甜、鲜爽、鲜浓、甜爽、甜和、甜醇、醇厚	鲜亮、红亮、柔软、单薄	
黑茶	形状主要看匀整度	色泽主要看油润程度	橙黄、橙红、琥珀色、红浓	陈香	陈醇、醇厚、醇和、纯和	红褐、黑褐	

（一）六大基本茶类和花茶的品质

1. 绿茶

绿茶是中国第一大茶类，产量占茶叶年总产量的65%左右，20个产茶省均有生产，也是消费量最大的一个茶类。中国高级绿茶的品质水平可居世界之最，著名的名优绿茶有：龙井茶、碧螺春、黄山毛峰、信阳毛尖、都匀毛尖、太平猴魁、恩施玉露、庐山云雾、安吉白茶等。

绿茶为不发酵茶，一般经摊放→杀青→（揉捻）→干燥的加工工艺制成。高温杀青时钝化多酚氧化酶的活性，抑制茶多酚的氧化，形成绿茶"干茶绿、茶汤绿、叶底绿"的品质特征，俗称"三绿"。

绿茶的品质水平应以外形、汤色、香气、滋味、叶底五项因子综合判定。名优绿茶外形以造型优美、富有特色、色泽鲜活、个体整齐匀整为佳；汤色以色泽嫩绿、清澈明亮为佳；香气以新鲜、香型高雅悦鼻、余香经久不散为好；滋味强调鲜和醇的协调感。

龙井茶　　　　　　　　　　　　　　　　碧螺春

2. 白茶

白茶属轻微发酵茶，采用满披白茸毛的茶树品种鲜叶和不炒不揉的工艺，经萎凋→晒干或烘干的简单工艺制成，形成了白茶清新淡雅的风格。白茶汤色清淡，滋味鲜醇，具有一定的清火功效。传统白茶色泽以白为贵，风味注重清醇甜和。著名的白茶有白毫银针、白牡丹等。

白毫银针　　　　　　　　　　　　　　　　白牡丹

3. 黄茶

黄茶产量较少，属于轻发酵茶，加工工艺与绿茶基本相似，只增加了一个闷黄的工序，闷黄工序在揉捻前或揉捻后、初干前或初干后进行。即摊放→杀青→揉捻→闷黄→干燥。黄茶品质特点是"黄汤、黄叶"，滋味较绿茶醇厚。这是制茶工艺中进行堆积闷黄的结果。

黄茶依原料芽叶的嫩度和大小，分为黄芽茶、黄小茶、黄大茶。著名的黄茶有：浙江的莫干黄芽、安徽的霍山黄芽、四川的蒙顶黄芽、湖北的远安鹿苑、湖南的君山银针等。黄茶以外形嫩匀，色泽一致，汤色黄亮清澈，嫩香细腻持久，透花果香，滋味醇爽回甘，叶底匀齐明亮为佳。

君山银针　　　　　　　　　　　　　　蒙顶黄芽

4. 青茶

青茶，又称乌龙茶，属半发酵茶。中国主要的传统青茶产区为福建、广东、台湾等三省，形成闽南、闽北、广东、台湾四大产区，近几年其他省份也有少量生产，如浙江、湖北、湖南、山东等省。

青茶的加工工艺为晒青（或加温萎凋）→做青（摇青↔晾青）→炒青→揉捻→干燥。由于独特的茶树品种、特殊的摇青与晾青加工工艺，形成了乌龙茶绿叶红镶边、具天然花果香、滋味浓醇的品质特征。著名的乌龙茶有：闽北的大红袍、肉桂、水仙；闽南的铁观音、漳平水仙、白芽奇兰、佛手；广东的凤凰单枞、岭头单枞；台湾的冻顶乌龙、东方美人、文山包种等。

青茶以外形紧结重实、色润整齐为好。青茶汤色的色度表现最广，从蜜绿到橙红，以色泽明亮为上品；香气以其品种的花果香、清幽香、浓强持久为佳；滋味以鲜爽、醇厚、有韵味、回甘味为佳。

铁观音

大红袍

5. 红茶

红茶为全发酵茶，加工工艺是：萎凋→揉捻或C.T.C.（cut、tear、curl）→发酵→干燥。发酵时，茶叶中的茶多酚在多酚氧化酶的催化作用下，氧化成茶黄素、茶红素和茶褐素，从而形成了红茶"红汤红叶"的品质特点。

红茶一般分红碎茶、小种红茶和工夫红茶三类。小种红茶为福建特有，代表品种为正山小种。工夫红茶是中国红茶的代表产品，著名工夫红茶有：云南的滇红，安徽的祁红，江西的宁红、浮红，四川的川红，湖北的宜红，福建的坦洋工夫、白琳工夫、金骏眉，广东的英红，江苏的竹海金茗等。

工夫红茶外形以紧结圆直、身骨重实、锋苗（或金毫）显露、色泽乌润、不脱档、净度好为佳；内质以汤色红亮、碗沿带明亮金圈、有"冷后浑"的品质为佳；香气以香高悦鼻、冷后仍能嗅到余香者为佳；滋味以醇厚、甜润、鲜爽为佳。

滇红

祁红

6. 黑茶

黑茶是六大茶类中生产量和消费量都在快速增长的一个茶类。黑茶原料相对成熟，加工工艺为杀青→揉捻→渥堆→（成型）→干燥，特殊的渥堆工艺形成黑茶特有的风味特征，滋味醇厚、具陈香。

随着对黑茶功能成分与健康作用研究的深入，黑茶逐渐成为市场新宠。

著名的黑茶有：广西的六堡茶、云南的普洱茶、四川的康砖、湖北的青砖、湖南的茯砖等。黑茶品质好的表现为：散茶外形紧实、整齐、色匀；内质汤色橙黄、香气陈纯、滋味陈醇甘滑、叶底深褐。紧压茶造型周正匀称，汤色红浓明亮，香气陈纯，滋味陈醇回甘，叶底黑褐油亮。

普洱茶

六堡茶

7. 花茶

花茶属再加工茶，用茶叶配以香花窨制而成，既保持了纯正的茶味，又兼具鲜花的馥郁香气，花香茶韵，别具风味。

花茶种类很多，依所窨鲜花种类不同，可分为茉莉花茶、白兰花茶、珠兰花茶、玫瑰红茶、柚子花茶等，各具品质特征和风韵。高级花茶均要求香气鲜灵、浓郁持久、滋味醇厚鲜爽。花茶茶坯有绿茶、红茶等，绿茶花茶汤色黄绿或淡黄，红茶花茶汤色红亮或红黄，清澈明亮，叶底匀亮。

碧潭飘雪

（二）茶叶中的化学成分

经过分离鉴定，已知茶叶中的化合物有1500多种。茶树鲜叶中，水分占75%~78%，干物质占22%~25%。干物质包括有机物质和无机物质。有机干物质中主要含以下物质：蛋白质20%~30%，糖类20%~25%，茶多酚类10%~25%，脂类8%左右，生物碱3%~5%，游离氨基酸2%~7%，有机酸3%左右，色素1%左右，维生素0.6%~1.0%，芳香物质0.005%~0.03%。干物质中的无机物质主要有：氟、锌、铁、锰、镁、铝、钾等（见表"茶叶中无机物质的含量"）。这些物质中的茶多酚、氨基酸、咖啡因、维生素、有机酸大部分能溶解于水，泡茶时能浸出，蛋白质、脂类等难溶于水，泡茶时浸出量很少。

茶叶中无机物质的含量

元素	含量	元素	含量
氮（N）	3.5~7.1克/100克	铝（Al）	420~3500毫克/升
磷（P）	0.2~0.7克/100克	砷（As）	0.20~0.42毫克/升
钾（K）	1.6~2.5克/100克	钡（Ba）	1.3~5.1毫克/升
钙（Ca）	0.12~0.57克/100克	溴（Br）	7.8~25.0毫克/升
镁（Mg）	0.12~0.30克/100克	氟（F）	17~260毫克/升
硫（S）	0.24~0.48克/100克	钠（Na）	20~33毫克/升
铁（Fe）	100~200毫克/升	镍（Ni）	1.3~5.9毫克/升
锰（Mn）	500~3000毫克/升	铅（Pb）	2.2~6.3毫克/升
铜（Cu）	15~20毫克/升	铷（Rb）	8~44毫克/升
钼（Mo）	0.4~0.7毫克/升	钪（Sc）	0.2毫克/升
硼（B）	20~30毫克/升	硒（Se）	1.0~1.8毫克/升

1. 不同品种、资源主要生化成分的差异

茶树不同品种所含有的茶多酚、儿茶素、咖啡因、氨基酸和水浸出物等品质成分有比较大的差异。2014年，中国农业科学院茶叶研究所从127个国家级和省级审定（认定）优良茶树品种的原产地采集春季一芽二叶，由农业部茶叶质量监督检验测试中心采用国标法对其主要生化成分测定，结果表明，茶多酚9.8%~25.6%，平均18.3%；氨基酸1.5%~7.6%，平均4.1%；咖啡因2.1%~5.1%，平均3.3%；水浸出物为32.6%~57.9%，平均48.3%。

同时，中国农业科学院茶叶研究所对我国402份茶树核心种质资源（包含了大多数国家级和省级良种）进行分析测定，从国家种质杭州茶树圃中，同年春季采集同等嫩度的一芽二叶，对其进行高效液相色谱（HPLC）分析，发现茶多酚的主要成分儿茶素总含量为5.7%~23.2%，平均15.5%。其中EGCG（表没食子儿茶素没食子酸酯）为1.3%~13.8%，平均9.4%；ECG（表儿茶素没食子酸酯）为0.32%~7.3%，平均2.9%；EGC（表没食子儿茶素）为0.2%~3.9%，平均1.6%，其他儿茶素含量较低，EC（表儿茶素）、GC（没食子儿茶素）、C（儿茶素）和GCG（没食子儿茶素没食子酸酯）平均分别为0.8%、0.4%、0.2%和0.2%。从原产地角度分析，以原产地为河南、广东、广西和云南的茶树资源儿茶素含量较高，超过16.0%，江苏、安徽和浙江的茶树资源儿茶素含量比较低，低于15.0%。生物碱总量为2.1%~6.0%，平均4.0%，其中咖啡因含量为0.2%~5.3%，平均3.6%，含量以云南品种最高，为3.9%，河南、江苏最低，为3.2%；可可碱含量比较低，为0.1%~4.7%，平均0.4%（详见下表）。

原产地不同省份茶树资源的儿茶素和咖啡因平均含量

省份	儿茶素总量(毫克/克)	咖啡因（毫克/克）
河南 (N=8)	167.0±14.6a	31.5±7.0d
浙江 (N=66)	146.9±15.3bc	34.0±4.0bcd
江苏 (N=16)	141.6±10.6c	31.5±4.2d
四川 (N=45)	154.9±15.3abc	34.4±2.6abcd
安徽 (N=12)	146.5±14.4bc	32.4±2.7cd
重庆 (N=21)	156.2±15.9abc	34.5±3.4abcd
福建 (N=32)	153.0±13.8abc	36.6±4.6 ab
广东 (N=33)	161.9±15.8ab	36.7±6.0ab
江西 (N=18)	155.4±15.5abc	37.1±3.8ab
贵州 (N=27)	156.0±14.9abc	35.1±3.2abc
湖北 (N=30)	151.2±15.3abc	35.0±3.8abc
广西 (N=38)	161.2±22.3ab	36.4±3.5ab
湖南 (N=10)	154.8±16.1abc	37.6±4.5a
云南 (N=46)	160.6±25.6ab	39.3±7.2a
平均 (N=402)	154.5±18.1	35.5±4.7

N代表资源份数，合计为402份资源。不同字母代表在0.05水平上差异有统计学意义。

茶叶的氨基酸含量与栽培管理水平有密切关系，但是品种起到了决定性作用，有些适合做绿茶的白叶类和黄叶类茶树品种氨基酸含量比较高，可达6%~9%。Yamamoto等编著的《Chemistry and Application of Green Tea》（《绿茶化学及应用》）中资料表明，绿茶主要的氨基酸是茶氨酸，占氨基酸总量的45.9%，其次谷氨酸占12.7%，天冬氨酸占10.8%，精氨酸占9.2%，谷氨酰胺占7.5%，其他如丝氨酸、苏氨酸、丙氨酸、天冬酰胺、赖氨酸、苯丙氨酸和缬氨酸等约占10.9%；绿茶维生素C含量较高，100克含110~250毫克；而乌龙茶和红茶维生素C的含量低得多，100克中只含不足10毫克。

2. 营养成分与功能成分

茶叶中的化学成分可分为营养成分和功能成分两大类。茶叶的营养成分如维生素、矿物质及微量元素等可适当补充人体所需要的营养。研究表明，茶叶中对人体健康有益的功能成分有：茶多酚类（儿茶素及其他酚类物质）、茶色素类（主要包括茶黄素、茶红素、叶绿素、类胡萝卜素等）、茶多糖类、氨基酸类（主要包括茶氨酸和γ-氨基丁酸）、生物碱类（主要是咖啡因）、维生素类、无机元素等。

国内外大量研究表明，科学饮茶具有抗衰老、防辐射、抗癌防癌、防治糖尿病、提高免疫力、预防高血压、防龋齿、美容等功效。

3. 化学成分与品质呈现

茶叶中的化学成分与茶叶品质形成密切相关。品质成分是指影响茶叶的汤色、香气、滋味的成分。

茶叶的呈味物质主要有茶多酚及其氧化产物、氨基酸、咖啡因、糖类、果胶类等。茶多酚呈苦涩味，其中酯型儿茶素呈涩味，非酯型儿茶素呈苦味。氨基酸表现为鲜味。溶解于水里的单糖、双糖为甜味。咖啡因呈苦味。

虽然茶叶的香气物质含量占有机干物质的总量很少，但种类丰富，主要有醇类、醛类、酮类、酸类、酚类、萜烯类、酯类等，不同的香气物质表现为甜香、花香、木香、果香、花果香、清香等。

影响茶汤色泽的物质有茶多酚及其氧化产物、茶红素、茶黄素、茶褐素；脂溶性的叶绿素、类胡萝卜素和水溶性的花青素、黄酮类物质等色素。绿茶汤色的黄绿色主要是由叶绿素、茶多酚及氧化产物和黄酮类物质形成的。红茶汤色的红艳、红黄、黄红由茶红素、茶黄素、茶褐素的含量比例而定。茶黄素呈橙黄色，是决定茶汤明亮度和艳度的主要成分。红茶茶汤有明显的"金圈"，是由茶黄素形成的。红茶汤冷了后，产生乳凝状混浊，这种现象称为"冷后浑"，是由茶红素、茶黄素与咖啡因络合产生的（详见下表）。

茶叶中的主要化学成分与茶叶品质形成的关系

	综合	化学成分	茶叶品质
呈味物质	茶多酚及其氧化产物、氨基酸、咖啡因、糖类、果胶类等	酯型儿茶素，非酯型儿茶素	涩味、苦味
		氨基酸	鲜味
		溶解于水里的单糖、双糖	甜味
		咖啡因	苦味
		果胶	原味
香气物质	干物质的总量很少，但种类丰富	醇类、醛类、酮类、酸类、酚类、萜烯类、酯类等	甜香、花香、木香、果香、清香等
影响茶汤色泽的物质	茶多酚及其氧化产物、茶红素、茶黄素、茶褐素；脂溶性和水溶性色素等。	茶黄素	橙黄色，决定茶汤明亮和艳度，如红茶茶汤有明显的"金圈"
		茶红素、茶黄素与咖啡因络合	"冷后浑"
		茶多酚及氧化产物，叶绿素、类胡萝卜素和黄酮类物质等色素	绿茶汤色的黄绿色
		茶红素、茶黄素、茶褐素含量的不同比例	红茶汤色的红艳、红黄、黄红、红褐

（三）看茶泡茶

对六大基本茶类以及再加工花茶有了基本的了解以后，要泡好茶，还要进一步给茶"看相"，深入了解茶叶的相关特征，这是泡好茶的基础，即"看茶泡茶"。

1. 看懂茶

从所泡的茶的类别、外形、工艺、品种、存储时间等因子，做进一步的分析。茶的外形，包括形状、嫩度、条索紧结程度、芽叶整碎程度、紧压程度等；茶的工艺，包括杀青的老与嫩、揉捻的轻与重、发酵程度、焙火的轻与重等；茶的品种，包括大叶种、中小叶种或是特定的品种。

2. 酌茶量

看懂了茶，还要掌握好投茶量，把握好茶与水的比例。茶量多味浓，量少味淡。用茶量的多少，与茶叶本身内含成分量的多少、品饮人数、冲泡次数和时间等都有关系。内含成分单薄的茶叶，投茶量宜略多些；品饮人数多，冲泡次数多，投茶量宜多些，反之，要少些。修习类茶艺，投茶量略少些，生活类茶艺，投茶量略多些。总之，要使茶汤浓淡适宜。

那么，茶与水的比例如何确定呢？可通过试验把握规律，再根据具体情况做适当调整。

以大宗红、绿茶为试验材料，准备4只审评茶碗，投入相同的茶叶3克，分别冲入沸水50毫升、100毫升、150毫升和200毫升，冲泡4分钟，尝茶汤的滋味，其结果如下表所示：

不同水量时茶汤的滋味呈现

冲水量（毫升）	50	100	150	200
茶汤滋味	极浓	太浓	甘醇	偏淡

试验表明，1克大宗红茶或绿茶，冲上50毫升水，能取得较好的冲泡效果，即茶水比1:50为合适。用同样的试验方法冲泡乌龙茶、黄茶、白茶、黑茶和袋泡茶，以下用量的茶与水的比例能获得较好的茶汤滋味：

（1）乌龙茶

乌龙茶适宜的茶水比为1:20。乌龙茶用茶量在六大基本茶类中是最大的，通常投入1克乌龙茶冲水量20毫升左右。日常泡茶时，以乌龙茶外形的紧结程度来判定投茶量的多少。如果是比较紧结的球形乌龙茶，投茶量是容器容量的1/4，半球形的乌龙茶，投茶量大致是容器容量的1/3，松散的条状乌龙茶，投茶量是容器容量的1/2。啜品乌龙茶重在玩味闻香和品尝滋味，所以，用茶量要比绿茶、红茶大得多，而冲水量却要减少。

（2）黄茶

黄茶适宜的茶水比为1:30~1:40。黄茶分为黄芽茶、黄小茶和黄大茶，原料嫩度不同，茶水比例不同。以莫干黄芽为例，每克茶冲水30~40毫升为宜。

（3）白茶

白茶适宜的茶水比为1:20~1:30。白茶用茶量较大，因为白茶不炒也不揉，茶中内含物质浸出较慢，一般每克茶冲水20~30毫升。

（4）黑茶

黑茶以普洱茶散茶为例，冲泡普洱茶适宜的茶水比为1:20~1:30。普洱茶的用茶量仅次于乌龙茶。一般说来，品普洱茶侧重于尝味，其次是闻香，一般是每克茶冲20~30毫升水。如煮饮黑砖茶，通常用较大的茶壶或锅。一般每50克黑茶加水1.5~2.0升，煨在火上煎煮。这样，随时可根据需要调制成酥油茶、奶茶等各种调饮茶。煮饮黑茶参考茶水比为1:30~1:40。

（5）袋泡茶

袋泡茶适宜的茶水比为1:60~1:70。由于袋泡茶已经切成小颗粒状，茶汁很容易浸润于水中，多为一次性沏茶，通常每克茶可冲水60~70毫升。

需要说明的是，以上述茶与水的比例泡茶时，冲泡条件是：沸水，时间4分钟。若是时间和水温等因素不能满足条件，茶与水的比例也需要做适当调整。此外，投茶量多少，还要考虑饮茶者的年龄、性别、地域、习惯等因素。

二、水

有了水的滋润才给了茶第二次生命，故有"水为茶之母"之说。自古以来，人们对泡茶用水就非常讲究。陆羽《茶经·五之煮》指出："其水，用山水上，江水中，井水下。其山水，拣乳泉、石池漫流者上。其瀑涌湍漱，勿食之。久食令人有颈疾。""其江水，取去人远者。井，取汲多者。"明代许次纾《茶疏·择水》中说："精茗蕴香，借水而发，无水不可与论茶也。"自然界的水有江水、河水、湖水、泉水、井水等；经再加工的水有自来水、矿泉水、纯净水。凡符合生活饮用水卫生标准（GB 5749）的都可饮用。

一般泡茶多用自来水和瓶（或桶）装水。自来水是指水源水经过自来水厂的加工处理，通过水管网统一输送到千家万户的水，需要煮沸后才能饮用。瓶装水，是指经过灭菌等处理、包装而成的符合直接饮用标准的一类水。一般来说，自来水中氯的含量高于瓶装水。

1. 水质与茶汤品质

为什么江水、河水、井水泡茶的效果不一样？现代科学研究表明，影响茶汤感官品质的水质因子主要有：水的总硬度、水中矿质元素含量、pH、二氧化碳和氧气含量、水分子团的大小以及其他一些因子。

（1）水的总硬度

水的总硬度是指水中总固体溶解量。总固体溶解量高，水的硬度高，反之，则硬度低。固体溶解量主要是钙离子与镁离子的溶解量，水的硬度一般以碳酸钙溶解量计，0~150毫克/升为软水，150~300毫克/升为中硬水，300~450毫克/升为硬水，高于450毫克/升为非常硬水。

水的硬度影响茶叶有效成分的溶解度。硬水中含有较多的钙镁离子和矿物质，茶叶有效成分的溶解度低，故茶味淡；而软水中含有固体溶解量低，茶叶中有效成分的溶解度高，故茶味浓。

（2）矿质元素

矿质元素有利于人体健康，是人体必需的微量元素，但对泡茶来说，水中矿质元素含量并非越多越好。茶叶在浸泡时会有多种离子浸出，钾离子浸出量最高，可达94~364毫克/升，钙、镁离子的浸出量为5~22毫克/升，锰离子和铝离子的浸出量为1~6毫克/升和1~10毫克/升，其他金属离子含量不超过1毫克/升，这些离子对茶汤的品质有显著的影响。

矿质元素对茶汤滋味有影响。当钙离子含量高，茶汤滋味变苦涩；镁离子含量高，容易使茶汤滋味变淡；铝离子含量高则茶汤滋味变苦；钠离子高，茶汤会有咸味。

矿质元素对茶汤汤色有影响。若水中铁离子含量过高，茶汤会变成黑褐色，甚至在茶汤表面产生一层"锈油"；钙离子浓度大时，茶汤汤色变黄；铝离子浓度大时，茶汤色变浅。

（3）pH

pH是表示溶液（水）酸碱度的数值，pH等于7时，水为中性水，pH小于7偏酸性，pH大于7偏碱性。pH对茶汤汤色和滋味有影响。研究显示，pH大于7的水对茶汤品质有显著的影响。偏碱性的水会促进茶汤中茶多酚类物质氧化，使茶汤色变深。偏酸性的水会使茶汤产生沉淀。茶汤在中性略偏酸的条件下品质较为稳定。

（4）其他因子

水中阴离子含量不高，对茶汤品质也有影响，如氯对茶汤香气和滋味都有影响。自来水中氯离子含量高，水中余氯或氯化物容易与茶汤中的茶多酚类作用，造成茶汤苦涩。又如，硫酸根离子含量1~4毫克/升时，茶汤滋味变淡薄，当含量达到6毫克/升以上，茶汤开始出现明显的涩味。

自然界的水中二氧化碳和氧气含量较高，茶汤的鲜爽度会增加。

研究表明，泡茶用水除符合饮用水国家标准外，重点要控制水中钙、镁和铁等离子的含量，较佳的水质特性为：pH6.0~7.0；总硬度（以碳酸钙计）小于50毫克/升，其中钙含量小于10毫克/升，镁含量小于5毫克/升；碳酸含量20~30毫克/升；三价铁离子含量低于0.08毫克/升。日本泡茶用水的水质条件与我国相似（见下表）。

日本泡茶用水水质条件

项目	合适	最适
pH	6.5~7.0	6.7
蒸发残留物	50~200毫克/升	100毫克/升
碳酸（H_2CO_3）	20~30毫克/升	25毫克/升
钠（Na）	3~12毫克/升	8毫克/升
氯（Cl）	5~18毫克/升	12毫克/升
二氧化硅（SiO_2）	<40毫克/升	30毫克/升
化学需氧量（COD）	<1毫克/升	/
铁（Fe）	<20微克/升	/

2. 水温与浸出物质

泡茶水温与物质浸出的量、浸出的速度有密切关系。

（1）水温与物质浸出量

取三个审评茶碗，用3克红茶、150毫升水为试验材料，水温分别为沸水、80℃、60℃，分别冲入三个审评茶碗，经4分钟冲泡后，将茶汤沥出，三种茶汤中的水浸出物含量（以沸水泡茶所得相对浸出量为100%）百分比如表"冲泡水温与茶叶浸出物比例"，可见水温越高，浸出物比例越大。

冲泡水温与茶叶浸出物比例

水温（℃）	沸水	80	60
浸出物（%）	100	70~80	45~65

（2）水温与物质浸出速度

泡茶的水温度高，茶叶内含物质就容易浸出；相反，泡茶的水温度低，茶叶内含物质浸出速度慢。实验表明，水温与茶叶内含物质在茶汤中的浸出速度呈正相关。

（3）水温与香气物质

水温与香气物质挥发有关。水温高，香气物质挥发在空气中的量多，鼻子易感受到。用刚烧开的开水泡茶4分钟，热闻香气，容易辨别茶叶是否有异味，如烟味、霉味、塑料味等，也容易辨别茶叶的缺陷，如酸味、青气等，还可以辨别茶汤中是否有异味和不足。泡茶水温低，内含物质浸出率低，相对来说，异味、酸味、青味的挥发量也会减少，若不达感觉阈值，则感觉不到。所以，水温是调控茶汤滋味和香气的有效手段。

3. 水温与物质浸出类别

研究表明，茶叶中不同内含物质的浸出对水温要求不同。

茶多酚、咖啡因在高水温下快速浸出，茶汤呈苦涩味；低水温下，两者浸出较慢，茶汤苦涩味降低。

氨基酸在低水温下即可浸出；随着时间的延长，氨基酸浸出渐多，茶汤呈鲜味。所以，如果想尝绿茶的鲜味，可以用低水温或中水温的水冲泡。

当茶汤中呈苦涩味的茶多酚、咖啡因与呈鲜味的氨基酸有一定的量，且比例适当时，茶汤口感协调，并有厚度和浓度。

4. 水温与茶类

泡茶水温与茶的种类有关。

①高级细嫩的中小叶种茶树鲜叶制成的绿茶、红茶、花茶，泡茶水温要比大叶种茶树鲜叶制成的茶低，一般用80~85℃的开水冲泡。

②大宗红茶、绿茶、花茶，由于茶叶加工原料老嫩适中，用90~95℃的开水冲泡较为适宜。

③乌龙茶（除白毫乌龙茶外）、普洱茶，由于这些茶要待新梢即将成熟时才采制，原料并不细嫩，加之用茶量较大，需用刚沸腾的开水冲泡，特别是第一次冲泡，更是如此。白毫乌龙茶原料相对嫩度好，一般用80~85℃的开水冲泡。

④白茶，用90~95℃的开水冲泡。

⑤黄茶，原料细嫩的黄茶要求水温低，一般黄芽茶、黄小茶用80~85℃；原料粗老的黄茶要求水温高，黄大茶要用刚烧沸的开水冲泡或煮饮。

⑥砖茶，制茶原料比较粗老，并在重压后形成砖状。这种茶即使用刚沸腾的开水冲泡，也难以将茶的内含物质浸泡出来，所以，需先将砖茶解散成小块，再放入壶或锅内，用水煎煮后饮用。

泡茶水温的高低，还与茶叶老嫩、松紧、芽叶大小有关。一般说来，细嫩、松散、切碎的茶比粗老、紧实、完整的茶浸出速度要快；而粗老、紧实、完整的茶比细嫩、松散、切碎的茶所需的泡茶水温要高。

5.“水温”的提示

关于泡茶“水温”，确切地说应是水与茶相遇时的温度，而不是烧水壶中水的温度。

实验表明，水与茶相遇时，是不可能达100℃的，因为水壶移动、水注从壶嘴流出的过程中，水都在降温。若是冬天，室温15℃左右，刚烧开的水，水壶中水的温度一般只有97~98℃（高原地区沸水还达不到这个温度），马上用来冲泡茶叶，水与茶相遇时的温度，水温最高能达90℃。

一般来说，水要现煮，急火猛烧，在正常大气压下煮开，根据泡茶需要的水温马上泡茶，或稍放置，降到泡茶需要的温度。经过人工处理的桶装矿泉水或纯净水，只要烧到略高于泡茶所需的水温即可。

6. 关于85℃水温的“答案”

通常的说法是：冲泡细嫩的红茶、绿茶使用85℃左右的沸水。这个说法是否绝对？答案是：85℃水温并非绝对。

用感官审评方法审评细嫩的红茶、绿茶，与审评其他茶的方法是一致的，用刚烧开的水，红茶泡5分钟，绿茶泡4分钟，汤色、香气、滋味等各项因子仍表现优秀，即可判定为品质好。因此，对于一种没有缺陷的高品质茶叶（包括细嫩红茶、绿茶），用刚烧开的水来冲泡，只要冲泡时间控制得当，茶汤依然完美！并非只能用85℃的开水！

如果是原料、工艺没有缺陷的高品质细嫩红茶和绿茶，用刚烧开的水、80~85℃和50~60℃三种温度的开水冲泡，则会呈现三种不同的风味，即一种茶可以喝出三种风味。至于稍有缺陷的茶，用刚烧开的开水冲泡，茶的缺陷会非常明显地展现出来。

　　要制作一款没有缺陷的茶叶与创作一件完美的艺术品具有同等的难度！习茶者通过调控泡茶水温令正在冲泡的茶扬长避短，以达到"修饰"茶叶品质的目的，尽量展示茶的美好。

三、器

煮水器、冲泡器、盛汤器等与茶汤直接接触的器具，都会影响茶汤的品质与风味，故有"器为茶之父"的说法。常用的泡茶、饮茶器具材质有陶、瓷、玻璃，还有铁、铜、银、金等。陶瓷茶具是最常使用的茶具，不同的陶瓷茶器，其原料、釉质、器形、胎的厚薄、烧成温度高低等均不同，其对茶汤产生的影响也不同。

器具的散热速度、传递的波频、透光与反射都是影响茶汤的因素。壁薄的瓷、玻璃等器具传热速度快，茶汤比较清扬；陶、瓷茶具中厚胎的传热速度慢，茶汤比较醇厚。玻璃茶具散热快，透明，有利于欣赏汤色与茶叶形态，所以，外形好的名优绿茶可选用玻璃器具泡饮，但如果要品赏滋味，用陶和瓷的器具更佳。陶和瓷有几千年的烧造历史，六大茶类都可选用陶与瓷茶具泡出可口的茶汤。

泡茶时不仅要看茶择器，还要看时节择器，夏天选用胎薄散热快的，冬天选胎厚散热慢的。

器具价格高低与茶汤质量好坏之间没有直接关系，适合、协调就好。

四、时

时，是指茶叶冲泡的时间，即茶与水相遇后，茶、水共处的时间。

1. 茶汤滋味的平衡点

冲泡时间必须适中，时间短了，茶汤会色淡味寡，香气不足；时间长了，茶汤太浓，汤色过深，茶香也会因飘逸而变得淡薄。茶叶一经水冲泡，茶叶中可溶解于水的浸出物就会随着时间延长而不断浸出于水中。茶汤的滋味随着冲泡时间延长而逐渐增浓，并到达一个平衡点。达到平衡点所需的具体时间与茶叶本身、投茶量、水温等有关，但平衡点不一定是茶汤滋味的最佳点。如一次冲泡，并且茶叶与茶汤不分离的情况下，要求平衡点又是滋味的可口点。

2. 内含物质浸出的先后

如果仔细观察、品味会发现，用沸水冲泡后的茶汤，在不同的时间段，茶汤的滋味、香气是不同的。这是因为，在同样高的水温下冲泡，茶叶中不同的有效物质浸出的速度有快有慢，一般浸出的顺序是：维生素—氨基酸—咖啡因—茶多酚—多糖……茶叶一经冲泡，首先浸泡出来的是维生素、氨基酸、咖啡因，之后是茶多酚、多糖等，浸出物含量随时间延长逐渐增加。不同的茶，浸泡到可口浓度的时间不同。

3. 不同茶类的冲泡时间

（1）红、绿茶

以玻璃杯泡为例，第一泡茶以冲泡3分钟左右饮用为好。若想再饮，则杯中剩1/3茶汤时续开水。以此类推，可使茶汤浓度前后相对一致。

（2）乌龙茶

用茶量较大，加上泡茶的水温高，因此，第一泡15秒至45秒（视茶而定）就可出汤。第二泡，因为茶叶已经舒展，冲泡时间比第一泡要缩短，第三泡开始可以视茶而定适当延长5秒、10秒不等。一般紧结的茶叶，延长时间多些，松散的茶叶，延长的时间少些，目的是使每一泡茶汤浓度均匀一致。

（3）黑茶

　　以普洱茶（紧压茶）为例，如掰开匀整的5克茶，用100毫升水冲泡，水与茶相遇时的温度是90℃，第一次冲泡的时间20秒，第二泡缩短到10秒，第三泡延长至15秒，之后每泡延长5秒。

（4）白茶

　　以白牡丹为例，芽叶完整的5克茶，用100毫升水冲泡，水与茶相遇的水温90℃，第一泡1分钟，第二泡缩短到30秒，第三泡40秒，第四泡1分钟，第五泡1分20秒。

（5）黄茶

　　以莫干黄芽茶为例，3克茶，用100毫升水冲泡，80℃水温，第一泡时间为1分20秒，第二泡50秒，第三泡1分钟，第四泡1分50秒，第五泡2分10秒。

（6）花茶

　　3克花茶，冲上150毫升水，能取得较好的冲泡效果，即茶水比1:50。为了保香，不使香气散失，泡茶时间不宜过长，一般2分钟左右便可饮用。

4.影响冲泡时间的其他因子

茶类不同，冲泡时间有差异，而同一类茶，因外形、加工工艺、品种等不同，也会影响茶汤，具体如下表。

不同类型茶叶与泡茶时间

茶叶差异　　泡茶时间	泡茶时间长	泡茶时间短
外形	较粗老	细嫩
	紧实	松散
	芽叶完整	芽叶散碎
	紧压茶整块	紧压茶掰松
加工	杀青老	杀青嫩
	揉捻轻	揉捻重
	不揉捻	揉捻
	焙火轻	焙火重
品种	中小叶种	大叶种

一般来说，紧实、紧结的茶，第一次被泡开，在之后的一定时间范围内，冲泡时间与茶汤浓度成正相关。冲泡时间的长短由茶类、投茶量、茶叶外形、工艺、品种等因素综合考量。控制浸泡时间，目的是使茶汤浓度适宜和温度适饮。

五、仪

仪包括仪容和仪态。

（一）仪容

仪容通常是指人的发式、服饰、肌肤和表情的总和。习茶者仪容的基本要求是整洁、干净、端庄、简约、素雅。有的人天生丽质，拥有容貌的自然美，有人经过适度的修饰，扬长避短，拥有容貌的修饰美。而真正意义上的仪容美是容貌美与内心美的高度一致。

1. 发式

发式整洁。女士长发者，宜将长发盘起或绞成辫子，刘海不宜太长太多，脸要露出。男士宜短发，不留胡须。

2. 服饰

衣服除了有御寒遮体的功能之外，还可以展示人的志向、修养和气质。习茶者穿戴要紧凑得体，不能过于暴露。裙长盖过膝盖，不穿无袖、低胸、太宽松的衣服，不趿拖鞋，脚趾不外露。朱熹在《童蒙须知》中说："凡着衣服必先提整衿领，结两衽纽带，不可令在阙落。"（凡穿衣服，必先提整衣领，系好两襟的纽带，不可有遗漏。）否则，"身体放肆，不端严"会"为人所轻贱"。不留长指甲，不戴宽松的饰品。

一位有良好修养的习茶者，一定会体态端正，服饰整洁，表情诚敬，言辞文雅，这既是内在修养的表露，也是对他人的尊敬。

3. 表情

表情是一个人内心的情感在面部的表达。人有喜怒哀乐，是有感情的，但表情要与各种场合所呈现的气氛相适应，或庄严或喜庆或悲伤或平静。习茶者应注意，内心的情感表露需要一定控制，表情不应有大起落，需有分寸。

（二）仪态

仪态展现了一个人的举止和姿态，仪态修习是习茶者的基本功，而举止修习是第一步。

1. 举止

《礼记》说，"足容重，手容恭，目容端，口容止，声容静，头容直，气容肃，立容德，色容庄。"这段话的意思是：

足容重：脚步要稳重；

手容恭：手摆放的位置有讲究，要体现恭敬；

目容端：看人的眼神要正，不游移不定；

口容止：说话时嘴不乱动；

声容静：说话的声音要平静；

头容直：头、颈要挺直；

气容肃：不大声喘气；

立容德：站姿要表现人的德行，站立不依不靠；

色容庄：不嬉戏逗闹。

习茶者注重日常的坐立行为，以上述九点为要求，做到举止稳重、端庄。

2. 姿态

人体工程学告诉我们，人体的肢体、关节活动都有一个最大幅度和舒适的幅度。正如王鑫等编著的《人体工程学》中所述，人体腰部左右旋转的最大角度是35°，向前弯屈的最大角度是70°，向后极度伸展30°；手臂向后向下伸展的最大角度是71°。手臂弯屈，在桌面上向外自然伸展的角度是45°；手臂伸展平面最大作业域为150厘米，手臂弯屈自然舒适作业域为118厘米。

人体以重心较低的姿态作业，主观上感觉较舒适，站着工作没有坐着工作舒适。所以，习茶时，应以较低的重心、较少用力、轻松的肢体活动角度、弧形动作轨迹，在舒适的平面和垂直空间完成泡茶作业，这样符合人体工程学的原理，也能展示习茶者的姿态美、自然美、舒适美。

对习茶者仪态的总体要求如下：

①头部不可偏侧。

②身躯宜中正而不偏。

③两臂关节均需放松，特别是腕关节放松。

④双肩平衡，肘关节下坠、不外翻。

⑤目光平视、平和，表情安详。

⑥气沉丹田，气息绵长、均匀。

六、心

心即习茶者的心态。习茶之人对茶有敬畏之心，对茶农存感恩之心，待人有谦卑之心，泡茶有平和之心。心主意，意主行，如此才能泡出一杯好茶。

1. 心存敬畏

孔子曰："君子有三畏，畏天命，畏大人，畏圣人之言。"意为君子应敬畏天赋使命，敬畏领袖，敬畏圣人的言论。朱熹亦说："君子之心，常存敬畏。"敬畏是人类对事物的一种态度。人活着不能随心所欲，而要心有所惧。

敬畏之心，是指人类对规律、规则所怀有的一种敬重与畏惧心理。怀有敬畏心的人懂得自警与自省，有助于规范与约束自己的言行举止。茶集大地之神秀，蕴山川之灵禀，沐浴阳光雨露，是大自然赐予人类的礼物，我们对茶怀有敬畏之心，同样会对自然、规律、规则怀有敬畏之心。

2. 心存感恩

"锄禾日当午，汗滴禾下土，谁知盘中餐，粒粒皆辛苦。"妇孺皆知的唐代诗人李绅的这首诗表达了诗人对种粮人的感恩和对粮食的珍惜之情。感恩是对天、对地、对生活、对他人等所给予我们的一切表示感激，心存报答之意。一个有智慧的人懂得感恩，感恩是一种处世哲学。存感恩之心的人，必定是幸福之人。

茶从深山萌出新芽，到被我们捧在手中，其间凝结着种茶人的辛劳、采茶人的希望与期盼和制茶人的寄托！我们感恩大自然的赐予，感恩种茶人、采茶人、制茶人……须知杯中茶，颗颗皆辛苦！

3. 心存谦卑

谦卑即谦虚，不自高自大，甘愿让对方处于重要位置，让自己处于次要位置。中华民族是个内敛、含蓄的民族，能被称为茶人或有茶人精神的人更是内敛、有涵养之人。麦穗未成熟时，抬头向上，麦穗成熟时，弯着腰，低着头。有涵养、博学的人，往往内敛、谦卑。

习茶者虽用心去泡一杯茶，但有时不一定能泡出最理想的茶汤，所以，还要虚心学习，不断精进，努力泡出"最佳茶汤"。

4.心存平和

平和是指性情或言行温和、不偏激。平和是一种待人处世的态度，也是一种做人的美德。习茶之人有平和之心，心宽气和，知足常乐，真心付出，方可水到渠成。

七、神

第七个要素——神，是最关键的要素，也是最难的要素，是形以外看不见的"精神"。神是人生命的决定性因素。

庄子将人的生命分为形与神两个方面，他在《庄子》外篇《在宥第十一》中说："无视无听，抱神以静，形将自正。必静必清，无劳汝形，无摇汝精，乃可以长生。目无所见，耳无所闻，心无所知，汝神将守形，形乃长生。""形"何以能正，关键是如何养"神"。在神与形二者之间，神为主，形为辅。庄子主张养形护神，神将守形，形神才不分离。

《大戴礼记·曾子天圆》又说"阳之精气曰神"，习茶者如何做到"有神"？主要是"眼法"，以眼传神，眼无神则无主，内心有所思，意有所念，外部的眼神随即流露出来。

习茶者"必静必清，无视无听"。先放松，放慢，放空，放下所有外在的干扰，入静，反观内照，除杂念，然后全神贯注于茶。

行茶过程中，以眼领手，眼随手转，手眼相随。不可抛媚眼，也不可朦胧似睡。目光平视，不仰视，也不俯视。将注意力集中于赏茶、置茶、候汤、注汤、观色、奉茶、品茶。习茶者眼神专注于行茶的每一个细节，行茶过程中一起一伏、一虚一实均神情专注。长期练习，行茶将如行云流水，神形兼具，呈现节奏韵律之美。

第四节
习茶七则

习茶七则是指习茶的七个准则、法则，其依据茶艺的核心思想所遵循的标准原则或行茶法则，具体为：细致精准，方圆结合，恰到好处，慎始慎终，细雨润物，默契律动，道法自然。

一、细致精准

细致是指处处为对方着想，体贴、周密，让品茗者感到放松、舒适。精准是精确、准确、到位。细致精准是事茶的理念，也是达到事物"极致""完美"目标的关键步骤。追求完美而不执着于完美——习茶就是在不完美中寻求一点点完美。

对具体的一款茶而言，用科学的方法全面认识茶性，运用七要素，备好水与具，设计好最佳的冲泡程序及冲泡参数，如：置茶量、注水量、水温、冲泡的时间，甚至奉茶时主人与客人间的距离等，都需规范、严谨有序和精准，并非"差不多"即可。

每一步都精准，才能达到预期的结果。每一步都"差不多"，最后的结果就"差很多"！细致精准也是匠心精神的体现。

二、方圆结合

行茶动作自然流畅是为圆，行走坐立规矩有则是为方，外圆内方，方圆结合，通达融汇。

1. 外圆，动作流畅、无处不圆

行茶的动作，无处不弧，无处不圆。手掌手指手臂不宜僵硬僵直，自然放松弯屈即成弧，两弧相抱即成圆。

人体工程学研究发现，人类劳动时的动作轨迹是"弧线"。因此，取放器物——水壶、水盂、茶杯、茶荷等动作轨迹都是弧线，前后留有余地，这是人类的习惯。

2. 内方，行走坐立、规矩有则

走路时沿直线走，直角转弯，形成方。方圆结合，外圆内方，蕴含天圆地方之意。中国古代的铜钱设计，很有内涵，意即外圆内方可以创造财富。方是框框，原则，底线；圆是圆融，通达。

道家认为："天圆"，心性上要圆融才能通达；"地方"，行事上要严谨有条理。意含对外在的人和事要懂得圆通，对待自己内在有一个框框和原则。一个人如果只有外在的圆滑，没有内在的原则框架，为人处世往往会超越底线；一个人拥有内在的原则，又有外在的圆通，则无往而不利。

三、恰到好处

《论语·为政》中，用三十几个字记下了孔子的自述："吾十有五而志于学，三十而立，四十而不惑，五十而知天命，六十而（耳）顺，七十从心所欲不逾矩。"从心所欲而不逾矩，就是"恰到好处"。

泡茶也需要做到"恰到好处"。泡茶时，找到一个平衡点，让茶的香气、汤色、滋味等发挥到"恰到好处"，让品茗者品到一杯可口、温度适宜、暖心的茶！这是习茶者的目标。

通常认为好茶的标准是色、香、味、形俱佳，制茶人都知道，要做出色、香、味、形俱佳的茶何其难也！泡茶也一样，让茶的每一项因子发挥到最好或极致，也很不容易。

泡茶是一个需要综合考量多方因素，最终实施的一个过程，任何细小环节没能处理好，都会影响茶汤的质量。如泡茶的水温高，有利于香气的发挥，随之，咖啡因、茶多酚等苦味物质在茶汤中的浸出也会增加，这杯茶香气高，但味苦涩。冲泡广东的凤凰单枞，用高温水冲泡就会出现上述情况。如果适当降低些水温，用75℃左右的水来泡凤凰单枞，咖啡因、茶多酚等苦味物质在茶汤中的浸出较缓慢，茶的香气依然高扬，茶汤滋味就会可口不苦涩。

清代况周颐在《惠风词话·卷一》中说："恰到好处，恰够消息。毋不及，毋太过。"作词这般，泡茶也如此，其实不管做什么事都要"恰到好处"。"过"与"不及"都是不好的。"不及"就是不够，许多人都知道这是不好的；"过"就是"过火""过了头"，却往往被人们误以为好。世上没有十全十美的事，恰到好处即是完美。

要做到恰到好处是一件不容易的事，孔子修炼了七十年，何况我们呢！修炼从习茶开始吧！

四、慎始慎终

"慎始慎终"出自《老子》第六十四章："其安易持，其未兆易谋；其脆易泮，其微易散。为之未有，治之于未乱。合抱之木，生于毫末；九层之台，起于累土；千里之行，始于足下。为者败之，执者失之。是以圣人无为，故无败，无执，故无失。民之从事，常于几成而败之。慎终如始，则无败事……""民之从事，常于几成而败之"，事情快要成功时反而失败，因此，要"慎终如始"。《易经》有个"井卦"，谈到用瓶子从水井提水，拉上来的时候，碰到井口，瓶子碎了，水流光了，功败垂成。

"慎终如始，则无败事"，习茶也一样。

慎始，开始要谨慎。泡茶前，茶席上什么也没有，习茶者选茶、择水、备具、布置茶席，完成一个可泡茶的席，有先有后，有序进行。再烹水、温杯、泡茶、奉茶、品饮，谨慎有序地完成整个泡饮的过程。

慎终，结束时也要谨慎。完成泡饮过程后，也是有先有后谨慎有序地收回茶具，恢复到席面的"无"，再清洁整理茶具，物归原位。慎始慎终，才算完成习茶的全部过程！

事实上，大多数人做到"慎始"容易，做到"慎终"比较难。做任何事，结束的时候要与开始时一样谨慎，这样事情才能够圆满完成。

五、细雨润物

唐代诗人杜甫的《春夜喜雨》："好雨知时节，当春乃发生。随风潜入夜，润物细无声……"好雨知道下雨的时节，正是植物萌发生长的时候，它随着春风在夜里悄然落下，无声地滋润着大地万物。习茶者与品茗者之间轻声细语，如细雨无声滋润心田，浇灌心田中的花。

行为重于言语。习茶者用真心泡一碗茶汤，品茗者用真心品一碗茶汤，注重心与心交流，春风化雨，滋润人心，拉近心与心的距离。

六、默契律动

习茶过程中，习茶者与品茗者、品茗者与品茗者之间，行礼、回礼，送点心、品点心，奉茶、品茶以及赏具、赏乐、赏画等，双方的情谊与敬意尽在不言中，相互之间似有约定、心灵相通、默契配合，一招一式，一进一退，昭示团体律动之美。

品茶活动是习茶者与品茗者共同创作的艺术，需要品茗者与习茶者共同遵守约定。一碗盛装着习茶者心意的茶汤是沟通习茶者与品茗者之间的心灵之饮，习茶者与品茗者的内心会产生共鸣。

七、道法自然

"道法自然"出自《老子》二十五章："故道大，天大，地大，人亦大。域中有四大，而人居其一焉。人法地，地法天，天法道，道法自然。"老子用了一气贯通的笔法，精辟概括和阐述了天、地、人乃至整个宇宙的生命规律。"道法自然"，意指宇宙天地间万事万物均效法或遵循"道"的规律。

习茶切忌矫揉造作，任何事物若是保持"自己如此的状态或本真的状态"，就是与"道"同行了。

每一款茶均有它的自然属性，即"自己如此"的状态，"本真"的状态。同属绿茶类，碧螺春、西湖龙井、黄山毛峰之间有共性，更各有个性。同一茶类有差异，不同茶类之间的差异更大。摸索每一款茶的冲泡方法，以它"自己如此"的状态为基础，展现它们"本真"的滋味，这就是习茶的道法自然。

第五节

茶艺七美

著名美学家朱光潜先生在《谈美》中说："心里印着美的意象，常受美的意象浸润，自然也可以少存些浊念。"苏东坡诗中说："宁可食无肉，不可居无竹。无肉令人瘦，无竹令人俗。"一切美的事物都有令人脱俗的作用，茶艺之美也不例外。

那什么是茶艺之美呢？茶艺之美蕴含了儒、释、道三家的美学思想，既有儒家的平和中庸、文质彬彬的充实之美，又有道家返璞归真、天人合一的超凡脱俗之美，更有佛家的圆融、静寂之美。

茶艺之美，这里指的是境之美，即意境之美。中国传统艺术，讲究意境。那么，什么是意境？林语堂先生说："精神和自然融为一体。"于丹教授说："景物与人心，一静一动，互相映衬，互相呼应，乃至融合，主观情意和客观物境构成一个流动的空间，为一种艺术境界是意境。"美学家宗白华先生说："意境是'情'与'景'（意象）的结晶品。"元代马致远《天净沙·秋思》："枯藤老树昏鸦，小桥流水人家，古道西风瘦马，夕阳西下，断肠人在天涯！"前面四句写景，末一句写情，景色秋煞，游子凄凉，可谓情景交融，极富意境之美。

习茶者能够通过形象化的、情景交融的茶艺术呈现，把品茗者引入一个想象的空间的艺术境界，即为茶之意境。在茶艺审美中，意境美考量一个习茶者的综合素养。泡茶技法固然重要，习茶者丰富的学识修养、丰富的人生阅历及生活体验是决定意境格调高低的关键，如空灵、空寂、深幽、深远、怀古等都是习茶者可营造的意境。茶艺之美包括：真美、和美、静美、雅美、壮美、逸美、古美等。

一、真

真美，即为自然美。

北宋蔡襄《茶录》云："茶有真香，而入贡者微以龙脑和膏，欲助其香。建安民间试茶，皆不入香，恐夺其真也。"蔡襄强调真茶、真香、真味。

习茶者用真水泡真茶，还要用真心、真我、真情。行茶动作自然得法，如"风行水上，自然成纹"，关键是用真心，不虚情假意，用本真的心，泡一杯本味的茶，以人心为本，泡心灵之茶，返璞归真。

习茶时把心中功名利禄的念头统统排除，摒弃得到别人赞赏的愿望，设法超越自己的身体，这就是庄子所说的"心斋"。心先斋戒，由虚到静，由静到明，心若澄明，宇宙万物皆在心中，真我呈现，真相呈现，真美也就呈现。

二、和

和美，指外在和谐引导内在和谐产生的美感。

儒释道三家各自独立，自成一体，又相辅相成。在主旨"和"这一点上，三家却高度一致，也体现了儒释道三家的圆通融合。

中国历代以"和"为美的思想，在诗歌、绘画等各种艺术作品中得到充分的展现和阐释。"和"作为审美对象的价值，它的实现需要审美主体的交融。从主体的审美感受来说，外界的和谐引导了内心的和谐，由此产生的美感，形成主客体交融的和谐境界。

茶艺之"和"美，从审美对象来说，表现为境"和"、席"和"、音"和"（水开的声音、冲水的声音、器具碰到席面的声音等）、香气"和"、茶汤"和"等。习茶主体在习茶的体验中，达到身"和"（动作的协调、自然）、心"和"，身心"和"，既而，习茶者与品茗者"和"，天、地、人"和"。

茶艺"和"之美是一场从眼、耳、鼻、舌、身到心、意"和"的韵律之美。

三、静

静美，是指平和、宁静之美。

庄子说："水静犹明，而况精神！圣人之心静乎！天地之鉴也；万物之镜也。"静，使习茶者不受外在滋扰而坚守初生本色、秉持初心。

习茶者一要调整气息，使气息平和，精神沉静。二要做到"三轻"：轻声细语，步法轻盈，举重若轻。修炼有素的习茶者，在嘈杂之地如入无人之境，其"静"的强大气场能引导品茗者进入"静美"的境界，让整个品茗空间都安静下来。

四、雅

雅美，即优雅、高雅之美。

中国古典美学历来推崇"雅"美，并以"雅"为人格修养和艺术创作的最高境界。这里的"雅美"，是指习茶者应具有高雅的审美情趣、精湛的泡茶技法、高尚的品德和学识修养等。

"雅"是相对于"俗"的审美观念。中国传统文化受"礼乐教化"影响，形成了"尊雅贬俗"的审美观念，而茶历来被认为雅俗共赏，琴棋书画诗酒茶之茶，称之为"雅"，柴米油盐酱醋茶之茶，称之为"俗"，"雅茶"与"俗茶"没有高低贵贱之分，但茶事中切忌以低俗、媚俗取悦于人，使优雅茶韵尽失！

五、壮

壮美，即阳刚之美。

壮美具有宏大、豪迈、奔放、雄浑等审美意蕴，情感力度强盛，与"柔美"相对应。壮美属于和谐的审美形态，壮美虽然雄阔、力量强盛，但并非暴力，不含恐惧、压抑的痛感，而主要是激昂、奋发、乐观的快感。宇宙之壮阔、人格之伟大，给人以景仰、高昂等积极的审美体验。

因习茶者以女性居多，往往被误解为茶偏"柔性"，甚至柔到没有"骨气"，事实并非如此。女性习茶者应外柔内刚，形体、动作的柔，与内心的刚相辅相成，柔中带刚。男性习茶者更应体现阳刚之美，力随意行，刚而不僵，刚而不硬，刚中带柔。

六、逸

逸美，为超凡脱俗之美。

逸，指超凡脱俗，卓尔不群。人之逸，有超越世俗、放逸清高之意。习茶者具备超然绝俗的情趣，松风石泉，名花琪树，一杯清茶，两袖清风，不争名利，飘逸洒脱，才能创造"逸"的意境。

七、古

古美，为远古、飘缈、神秘之美。

古即古典、古雅、古拙、古朴、高古等，"古"在中国传统艺术审美中备受推崇。

古是个时间概念，本来是指很久以前存在的事物，表示久远、古老。习茶者营造远古、飘缈、神秘的意境，使品茗者能超越当下，超越时空，感受远古、质朴、典雅的气息，在虚幻与现实之间回味无穷，品味深长。

第六节
习茶七境

徜徉在茶的世界，犹如探入一个远古、茂密的原始森林，神秘而富有诗意。欣赏着茶汤的嫩绿、嫩黄、黄绿、橙黄、橙红与红艳之色美，陶醉于清香、嫩香、果香、甜香、蜜香与花香的茶香里，品尝着鲜爽、鲜醇、清甜、浓厚与苦涩的茶汤，犹如品味生活的甘与苦。体验茶艺之美，感恩茶带来的每一点点心灵的"颤动"，习茶是从身到心和灵的体悟盛宴。

习茶七境是指习茶的七个阶段。朱光潜先生在《谈美》的结尾说："觉得有趣就是欣赏。""慢慢走，欣赏啊！"人在欣赏美时得到人性和灵魂的舒展，所以，"在欣赏时人和神仙一样的自由，一样有福。"习茶犹如赴美学之旅、心灵之旅。习茶永远在路上，没有终点。

一、登堂入室

这是习茶的第一境界。

初入师门，先是模仿，做到形似。布具、温杯、冲泡，奉茶、品茶、收具，入座、坐，站、行，行礼等，每一步都是基本功，要按动作要领做到位！开始练不到位，要修正更难！每一个动作做到位后，再按流程连贯起来练习，做到熟练运用泡茶要素，掌握投茶量、冲泡水温、冲泡时间等关键点，泡出一杯最佳茶汤。

泡茶动作要领——"圆、绵、轻、简、松、沉"六个字。

①圆，圆和，行茶动作，多呈圆或圆弧形。

②绵，绵绵不断，绵绵不绝，一个动作完成，不出现停顿，紧接着下一个，整个行茶过程一气呵成。

③轻，走路轻、说话轻、轻举轻放，举重若轻，尽量减少反作用力。

④简，大道至简，爱因斯坦发现宇宙的能量守恒定律，也不过是"$E=mc^2$"这样一个简单的公式。行茶过程应简到无处可简，不需要多余的动作和器物，更不需要夸张的动作和华丽的装饰。

⑤松，放松，放开，放慢，放下，身体松，气息顺，气顺才能血盈。

⑥沉，体松神聚，沉肩坠肘，气沉丹田，腰以上轻，腰以下沉，腰部灵活，沉稳不轻浮。

二、形神兼备

第二境是形神兼备。这是关键的一步，从第一境上升到第二境，需要一段时间的修习才能到达。

在熟练掌握流程和动作要领的基础上，习茶者已不需要再思考下一个动作是什么，而是由身体记住这些动作，自然而然地有序行茶，精神集中于如何泡出最佳茶汤。

初习茶者往往会只记着动作，而忽略了茶汤！那还是在第一境徘徊。进入第二境，习茶者已由形似渐入神似，由形入心，心神合一，能泡出一碗最美茶汤，同时透示出神韵之美。

三、内外兼修

做到形神兼备后，技艺不断精进，熟练掌握主要茶类的行茶方法。已有一些感悟，如细致精准、方圆结合、慎始慎终等，这时进入第三境。习茶者对茶越来越喜爱，并渐入佳境，茶已成为生活中不可缺少的一部分。

这一阶段，习茶者博览群书，从茶科学、茶文化、传统文化到人文素养等，好像海绵吸水一样贪婪地学习，再慢慢消化，吸取精华，内化于心，外化于日常生活言行，知行合一，不断提高内在修养，气质形象自然提升，真所谓"腹有诗书气自华"。这是重要的阶段，修习的时间会长些。

四、自觉自悟

修习过程中，技艺不断提升，泡出各类茶的最佳茶汤，行茶从形似到神似，再到精气似，心神、精气合一。领悟习茶七则的核心要点，体悟茶艺之美，感悟由茶带来的内心的清欢和舒展。吸收的知识升华为智慧，心胸开阔，辩证地看待问题，由内而外，慢慢改变自己的言行举止。学会放松，放下偏执，放慢脚步，欣赏身边的美好。找回初衷，逐渐回归真我。

五、技进乎道

泡茶技艺不断精进，量的积累，发生质的变化。《庄子·内篇·养生主》里有个非常著名的"庖丁解牛"的故事，大意是庖丁宰牛，合于音节，合于《桑林》乐章的舞步，文惠王对庖丁的技艺赞赏有加，庖丁说："臣之所好者，道也，进乎技矣。始臣之解牛之时，所见无非牛者。三年之后，未尝见全牛也。方今之时，臣以神遇而不以目视，官知止而神欲行。依乎天理……"熟练掌握牛的生理结构以后，在筋骨的缝隙处入刀，所以，庖丁一把刀用了十九年，好似新的一样，以无厚入有间，游刃有余。这是技进乎道最真实、具体的写照。

解牛都可技进乎道，何况习茶？十年磨一剑，了解和掌握泡茶的规律，而不是一味地熟练泡茶技术，用神，而非使劲、用力泡茶时，即到达第五境。

六、从心所欲

技艺修习到应茶、应时、应地、应人，茶怎么泡怎么好喝，怎么泡怎么舒服；泡茶能从心所欲，不逾矩，恰到好处，可简可繁，即可谓泡茶技艺达到了炉火纯青的地步。这是习茶第六境。

七、度己度人

有人认为，内外德慧双修，技艺炉火纯青，就可以弘道度人了。然而度己难，度人难上加难。

《庄子·内篇·人世间》中有孔子与颜回的一段对话。颜回将去卫国游说一位专断的君主，请教孔子有什么好方法？孔子教颜回先"心斋"。何谓心斋？子曰："若一志，无听之以耳而听之以心，无听之以心而听之以气！耳止于听，心止于符。气也者，虚而待物者也。唯道集虚。虚者，心斋也。"心志要纯一，要用心用气去听。不用心智，没有成见，忘我、不为名利，就是内心斋戒了，如此才能去感化万物。空明的心境，就是心斋。同样道理，想以茶弘道度人，自己应先具有空明的心境，完全抛却功利和成见，才能影响和帮助他人。

习茶的最高境界能弘道度人。道无界，艺无止，修习无疆。

第 七 节
习茶七忌

明代陈继儒《岩栖幽事》中说饮茶："一人得神，二人得趣，三人得味，七八人是名施茶。"明代黄龙德《茶说》中写道："若明窗净几，花喷柳舒，饮于春也。凉亭水阁，松风萝月，饮于夏也。金风玉露，蕉畔桐阴，饮于秋也。暖阁红炉，梅开雪积，饮于冬也。"可见古人对品茶人数、品茶环境等有比较高的要求。现代习茶人可以按自己方式泡茶、品茶，但品茶毕竟是怡情养性的高雅文化，有些不适宜习茶的状况还应避免。

一、情不真

习茶忌不真实、不自然。本色本心更近茶意。

二、态不实

习茶忌矫情有余、美态不实，动作轻浮、轻飘有余，造姿作态过度，则气场散失。

三、器不洁

习茶忌器物不整洁，身手不洁净。

四、境不清

习茶忌器具铺设过度，境杂乱，境不洁，人多，噪声多。

五、容不恭

习茶忌浓妆艳抹、披头散发、袒胸露背、衣宽袖松、染指甲、露足趾、趿拖鞋、挂长饰等，此等行为均不适合习茶。

六、心不宁

习茶忌心神不定、心散乱，赶时间、有心事、浮躁、焦虑、烦躁时均不适宜习茶。

七、意不适

习茶忌心意不在茶上，勉强从事。

思考题

1. 茶艺的含义是什么？
2. 茶艺的思想是什么？
3. 习茶的涵义是什么？
4. 习茶礼仪有哪些？
5. 什么是习茶七要？
6. 什么是茶艺七美？
7. 什么是习茶七境？
8. 习茶要注意些什么？

第二章

习茶器具

茶具又称茶器、茶器具。

从古至今，饮茶方式的嬗变带来茶器具的不断革新，茶具从与餐具共用到事茶专用，历经了一个从无到有、从粗糙到精致的过程。

一般认为，中国最早饮茶的茶具，是与酒具、食具共用的。

随着茶从药用、食用转至饮用，到唐代饮茶盛行以后，专用饮茶器具渐渐增多，茶器具材质也大大丰富，除陶瓷外，还有玻璃、金属（如金、银、铜、锡、铝等）、竹木、玉石、水晶、玛瑙、搪瓷等。

现在日常生活中使用最广泛的是陶瓷与玻璃茶具。

第一节
主要泡茶器具

所谓"工欲善其事，必先利其器"，"水为茶之母，器为茶之父"，可知茶具对泡茶、饮茶的重要性。一件好的茶器，安全性和功能性是它的根本，形制色调是它的风采，而主人的妥善使用更赋予了它生命。

现代茶具琳琅满目，习茶所选器具均应为日常生活中泡茶、饮茶的器具，包括主要泡茶器具，如煮水器、泡茶器、盛汤器和辅助器（用）具，以简单、洁净、合适、实用兼顾素雅美观为宜。

习茶时，茶具选配需要根据所泡茶类特点、冲泡方法、茶席设计和泡茶场合等因素进行综合考虑，并无一定之规，以科学实用为基本原则，兼顾美观与特定需要选配茶具。陆羽提出的"精行俭德"的茶道思想，亦应贯彻于习茶茶器的选配之中。

一、煮水器

煮水器是指用来烧水的器皿，通常由煮水炉（热源）和煮水壶两部分组成。煮水器有不同的材质、色泽与外形，选配时，应与其他茶具的色泽、质地、器形线条等相协调。

1. 煮水炉

最常用的煮水炉有电炉（电陶炉、电热炉）、酒精炉、炭炉等。电炉适用于有电源的环境，酒精炉和炭炉适用于户外，或用于特殊的茶艺修习。

电炉

酒精炉

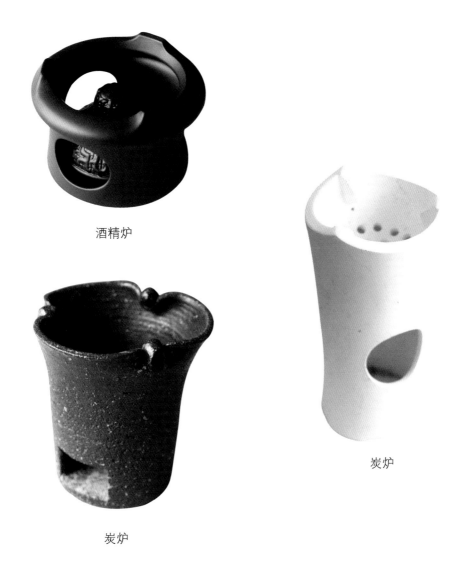

酒精炉

炭炉

炭炉

  电炉把电能转化为热能，对煮水壶加热。电陶炉目前使用较为普遍，是采用远红外线技术，由炉盘的镍铬丝发热产生热能。

  酒精炉是以酒精为燃料的炉子，通常使用的酒精（乙醇）浓度是95%。

  炭炉是烧木炭获取热能的炉子。

2. 煮水壶

煮水壶即水壶，主要材质有金属、陶、瓷、玻璃等。

银壶 玻璃壶

陶壶

陶壶　　　　　　　　　　　　　　　陶壶

3. 执壶

　　执壶是将水注入煮水器内加热，或将开水注入壶（杯）中的器皿，是调节冲泡水温的用具。其形状近似壶，口较一般壶小，而流特别细长。

瓷执壶

二、泡茶器

泡茶器是指用来泡茶的各种器具，种类丰富，常见的有壶、杯、碗、盖碗等。主要材质有陶、瓷、玻璃等。

1.茶壶

茶壶是日常生活中常用的泡茶器具。壶的容积有大有小，小壶适于独自酌饮。多人品茶时用大壶泡茶，然后分到品茗杯中品饮。

壶由壶盖、壶身、壶底组成。壶盖有孔、钮、座、盖等细部。壶身有口、流、肩、腹、把等细部。

根据壶的把、盖、底、形的不同来划分壶的种类，壶的基本形态有近200种。常用的壶有侧把壶（壶把在壶嘴的对面，为耳状）、提梁壶（壶把在盖上方，为虹状）、直把壶（壶把与壶身呈90°角，为圆直形）。

瓷直把壶

银直把壶

紫砂侧把小壶

紫砂提梁壶

2. 盖碗

　　盖碗由盖、碗、托三部分组成，又称"三才碗""三才杯"，盖为天、托为地、碗为人，暗含天、地、人和之意。

瓷盖碗

玻璃盖碗

3. 茶碗（盏）

茶碗可用来泡茶，也可用来点茶。根据碗体形状不同分为两种，一种常见的碗形（圆柱形碗），另一种是圆锥形碗（斗笠形），常称为茶盏。

茶盏 茶碗

4. 玻璃杯

玻璃杯可泡茶、品茶，常用的为直筒形厚底玻璃杯，其容量为120~200毫升。玻璃杯材质通透，便于观赏茶汤色泽和芽叶形态。

玻璃杯

三、盛汤器

盛汤器是盛放从泡茶器中分离出来的茶汤的器具，包括茶盅（公道杯）和品茗杯两种。

1. 茶盅

茶盅又名公道杯，分有柄、无柄两种，具有均匀茶汤浓度的功能，可作为分汤器具，主要材质有瓷、紫砂、玻璃、银等。

瓷茶盅

有柄银茶盅

瓷茶盅

无柄银茶盅

2.品茗杯

　　品茗杯又名饮用杯，分小杯（70毫升以下）和大杯（70~150毫升）。小品茗杯用来品饮茶汤，主要材质有陶、瓷、玻璃等。大杯如玻璃杯直接泡茶饮用（详见上节）。

瓷品茗杯　　　　　　　　瓷品茗杯　　　　　　　　瓷品茗杯

瓷品茗杯　　　　　　　　紫砂品茗杯

紫砂品茗杯　　　　　　　紫砂闻香杯

第二节
辅助泡茶器（用）具

　　除主要茶具外，泡茶、饮茶时所需的其他各种器具统称辅助器（用）具。可简单分为泡茶桌凳、辅助器（用）具和其他器（用）具等几类。

一、泡茶桌凳

1.茶桌

　　茶桌即用来泡茶的桌子，长约150厘米，宽约60~80厘米，高65厘米。

茶桌

2.茶凳

　　茶凳是泡茶时的坐凳，其高低应与茶桌相配。

茶凳

二、辅助器（用）具

1. 茶巾

茶巾用以擦洗、抹拭茶具，为棉织物，根据用途分为两种：一种为浅色茶巾，谓之洁方，用于擦拭泡饮器内壁或杯口边沿；另一种为深色茶巾，又称为受污，用于擦拭溅出的水滴，或吸干壶底、杯底之残水，或用于托垫壶底。

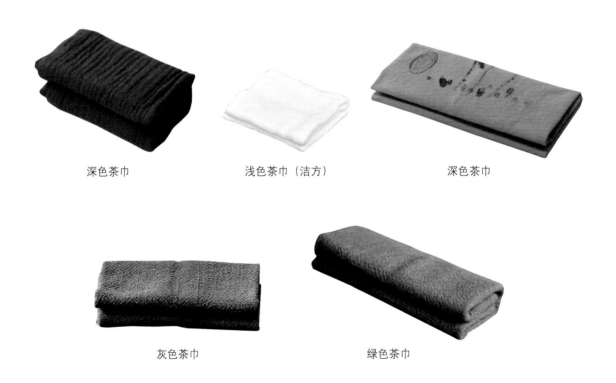

深色茶巾　　　　　　浅色茶巾（洁方）　　　　　深色茶巾

灰色茶巾　　　　　　　　　绿色茶巾

2. 桌布

桌布铺在桌面上，并向四周下垂，作为茶席的铺垫。其材质为各种纤维织物。

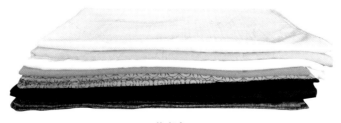

茶桌布

3. 泡茶盘

泡茶盘用以盛放茶杯、茶碗、茶具等，作为泡茶台面。茶盘分单层茶盘、双层茶盘两种，双层茶盘下层贮水。

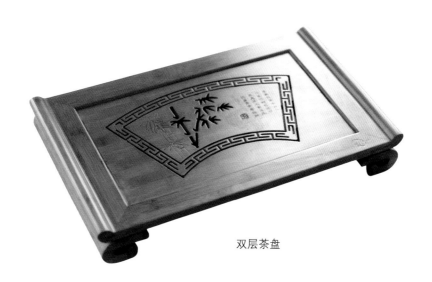

双层茶盘

4. 奉茶盘

奉茶盘用以放置盛有茶汤的茶杯，端奉给品茶者。通常为长方形、圆形等。

奉茶盘　　　　　　　　　　　深色奉茶盘

小奉茶盘

5. 点心盘

点心盘是放置茶食的用具，用瓷、竹、木、金属等制成。

多边形点心盘　　　　　　　　圆形点心盘

6. 茶叶罐

茶叶罐是贮茶容器，用于盛放茶叶，放在茶桌上的一般体积较小，装干茶50克以内。

竹茶叶罐　　　　　　　　　瓷抹茶罐

玻璃茶叶罐　　　　　银茶叶罐　　　　　瓷茶叶罐

7. 茶匙和茶匙架

茶匙为从贮茶器中拨取干茶或舀取抹茶的工具，与茶匙架搭配使用。茶匙架用竹、木、金属等制成，用来搁置茶匙或茶针等小物件。

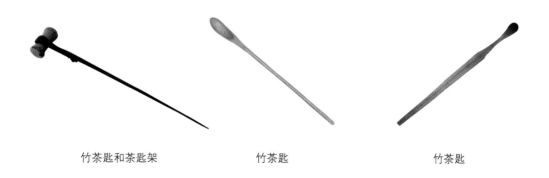

竹茶匙和茶匙架　　　　　竹茶匙　　　　　　　竹茶匙

竹茶匙　　　　　　　　金属茶匙架　　　　　　　竹茶匙架

8. 茶瓢

茶瓢是从贮茶器中取茶叶或舀抹茶的工具，常用竹、木、金属等制成。

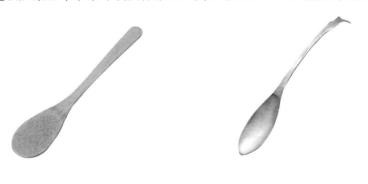

竹茶瓢　　　　　　　　　　　银茶瓢

9. 茶荷

茶荷古时称茶则，是测茶量的器皿，现茶荷多用木、竹、玻璃、银、铜等制成。茶荷还可用于观看干茶样和置茶分样用。

竹茶荷　　　　　　　　　　　银茶荷

玻璃茶荷

竹茶荷

瓷茶荷

10. 杯托

杯托用于搁置茶杯，有玻璃、紫砂、竹木、金属等材质。

木杯托

玻璃杯托

木杯托

紫砂杯托

11. 壶承

壶承用以放置茶壶、茶碗、盖碗等泡茶器，既可增加美感和方便操作，又可防止茶壶烫伤桌面。

瓷壶承

12. 茶筅

茶筅是点茶时使用的竹制用具。

茶筅

13. 水盂

水盂是盛放弃水、茶渣等物的器皿,亦称"滓盂""滓方"。

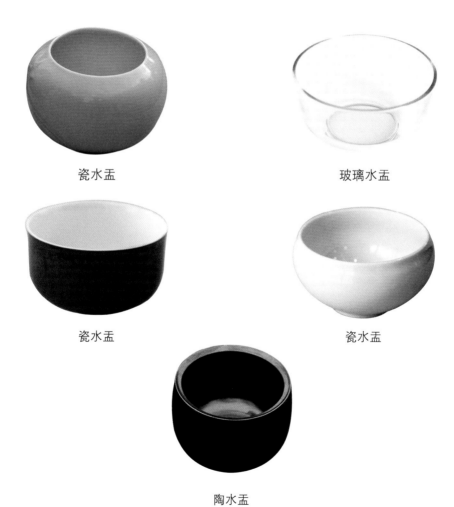

瓷水盂　　　　　　　　　　　玻璃水盂

瓷水盂　　　　　　　　　　　瓷水盂

陶水盂

三、其他器（用）具

1. 花器

花器为插花用的瓶、篓、篮、盆等器皿，用于装饰茶席，一般材质为竹、陶、瓷等。

瓷花瓶

竹花器

2. 香器

香器为焚香时用的器具，如香炉、香插等，材质多为铜、陶、瓷等。

瓷香插

3. 屏风

屏风用来隔断泡茶区域与非泡茶区域，或作装饰用。

屏风

思考题：

1. 主要泡茶器具有哪些？用途是什么？

2. 辅助泡茶器（用）具有哪些？用途是什么？

第三章

习茶应会

习茶者的仪容与仪态、习茶基础动作是茶艺修习的基本功。

熟练掌握每个动作，并灵活运用，可为行茶打下扎实的基础。

理解、领会、记忆动作要领，

本章重点：熟练掌握站、行、坐姿和礼仪规范；

熟练掌握温杯、翻杯、取茶、置茶、冲泡、点茶等方法；

熟练掌握奉茶、闻香、品饮的动作等。

第一节
仪容仪态修习

仪容是习茶者发式、服饰、肌肤和表情之总和。习茶者以素颜或淡妆为宜，可适当修饰仪容。男士宜着长裤，长袖或短袖。女士的衣服不过于宽大，收腰或系一根腰带，袖子为短袖、七分袖或长袖，袖口应小，不能太宽大。女士不穿无袖衣服，裙子宜盖过膝盖，手指手腕不戴饰品，若戴襟挂、项挂，以小而精为宜。习茶者仪容干净、整洁、简约、朴素、端庄即可。

仪态是指习茶者的举止、姿态。习茶之人，站如松、行如风、坐如钟，大方、优雅、稳重、自然，不做作，不矫情，体现茶人的精、气、神。

一、仪容

1. 发型

图1 男士留短发，发式整洁，不蓄胡须

图2、3 留长发女士宜将长发盘起来或绞成辫子，不宜长发披肩

2. 双手

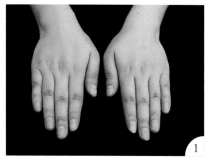  

图1~5 双手不留长指甲，指甲修平，手腕、手指上不戴饰品，以防划伤器具

3. 表情

图1、2 面部表情安详，平和，放松

二、站姿

1. 女士站姿

图1~3　身体中正，挺胸收腹，目光平视，下巴微收，表情放松安详；双肩平衡放松，手臂自然下坠

双手自然放松，四指并拢弯屈，在腹前虎口交叉，右手上左手下，离开腹部半拳距离

腰以上领直，腰以下松沉，双脚脚跟并拢，脚尖自然分开。脚跟、臀部、后脑勺在一条直线上

2. 男士站姿

图1~4　四指并拢在腹前虎口交叉，左手上右手下，离开腹部半拳距离，或双手五指并拢中指对裤腿中缝，其余同上图女士站姿

要领
①身体中正，不僵不硬
②神聚精足

三、入座、坐姿与起身

图1　站于凳子的左侧，脚尖与凳子的前缘平

图2　左脚向正前方一小步

图3　右脚跟上，与左脚并拢

图4　右脚向右一步，重心移至右脚上

图5　左脚跟上，与右脚并拢，身体移至凳子前

图6　双手五指并拢成弧形，掌心向内，女士将一下后背的衣裙，边将边坐下（男士直接坐下）

图7　坐下，双手自然放松，右上左下放大腿根部

图8　后背挺直，臀部外边缘坐在凳子二分之一至三分之二处

图1　站于凳子右侧，脚尖与凳子的前缘平　1

图2　右脚朝正前方一小步　2

图3　左脚跟上，与右脚并拢　3

图4　左脚向左一步　4

图5　重心移至左脚上　5

图6　右脚跟上，与左脚并拢，身体移至凳子前　6

　7
　8

图7~8　双手五指并拢，掌心向内，女士将一下后背的衣裙，边将边坐下（男士直接坐下）

3. 男士端盘左侧入座

图1　双手端盘，身体站于桌后凳子左侧，身体中正，挺胸收腹，目光平视

图2　左脚向前一小步

图3　右脚跟上，与左脚并拢

图4　右脚向右一步，重心移至右脚上

图5　左脚跟上，与右脚并拢，身体移至凳子前方

图6　坐下，同时放下茶盘

图7　双手收回，平放于大腿上

图8　行礼

4. 女士端盘入座

❖左侧入座

图1　双手端盘

图2　右脚开步

图3　走近泡茶桌

图4~6　走到桌后，向左转身，面对品茗者

身体靠近凳子，脚尖与凳子前缘平

图7　左脚在右脚前交叉

图8　右膝顶住左膝窝，身体重心下移

图9~11　双手向右推出茶盘，轻轻放于泡茶桌上

图12　双手、左脚收回，成站姿

图13　左脚向前一步

图14　右脚跟上，与左脚并拢

图15　右脚向右一步，左脚并上，身体移至凳子前

图16　双手捋一下后背衣裙

图17~20　坐下

❖右侧入座

图1~3　双手端盘，右脚开
步，走近泡茶桌

图4、5　向右转身，面对
品茗者，身体靠近凳子，
脚尖与凳子前缘平

图6、7 右脚在左脚前交叉，左膝顶住右膝窝，身体重心下移

图8、9 双手向左推出茶盘，放于泡茶桌上

双手、右脚收回，成站姿；右脚向前一步，左脚跟上，与右脚并拢；左脚向左一步，右脚跟上，与左脚并拢，身体移至凳前；双手将一下后背衣裙；坐下。动作参"左侧入座"

5. 女士坐姿

图1 上身姿态如站姿，双臂自然下坠，两手虎口交叉，右手在上，左手在下，或双手五指并拢，放于左右腿的根部

图2 臀部外边缘处于凳子二分之一到三分之二处，双膝并拢，双脚自然下坠并拢或前后分开至舒适的位置

如坐于桌前，也可以双手半握拳，与肩同宽轻搁于桌面上

6. 男士坐姿

双腿略分开，与肩同宽，脚尖朝前。双手半握拳，与肩宽同宽或略比肩宽，轻搁于桌面上或五指并拢平放于大腿上

后背挺直，臀外部边缘坐在凳子三分之二处

要领
①气下沉，左右臀部牢牢贴住凳子
②腰部放松，以使上身可灵活转动

7. 起身

❖ 右出

图1　坐姿

图2　起立

图3　右脚向右一步

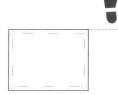

图4　左脚跟上，两脚并拢

图5　左脚向后退一小步

图6　右脚跟上，两脚并拢

❖**左出**

图1　坐姿

图2　起立

图3　左脚向左一步

图4　右脚跟上，两脚并拢

图5　左脚后退一小步

图6　右脚跟上，两脚并
拢，立于原入座前的位置

四、行姿与转弯

1. 女士行姿

图1~4　双手虎口交叉于腹前，右手上左手下，右脚开步，行走的步幅小，频率快，上身正，不摇摆，给人以"轻盈"之感

2. 男士行姿

图1　站姿

图2~5　右脚开步，步幅适当，频率快，双手小幅度前后摆动，上身正，不摇摆，给人以"雄健"之感

图1　站姿

图2　以左脚跟为中心，左脚左转90°，身体转90°

图3　右脚跟上，与左脚并拢

4. 向右转

图1　站姿

图2　以右脚跟为中心，右脚右转90°，身体转90°

图3　左脚跟上，与右脚并拢

要领
①直线行走，直角转弯 ②稳重而精神饱满

五、蹲姿

蹲姿仅适用于女士。下蹲时，上身姿态与站姿同。

1. 右蹲姿

要领
①身体中正，重心下移 ②一膝盖顶住另一膝盖窝，身体才不会摇摆

图1、2　上身中正挺直，膝关节弯屈，身体重心下移，右脚在前，左脚在后不动、脚尖朝前，右脚与左脚成45°角，左膝盖顶住右膝窝

图1、2　上身中正挺直，膝关节弯屈，重心下移，左脚在前，右脚在后不动、脚尖朝前，左脚与右脚成45°角，右膝盖顶住左膝窝

六、习茶礼

1. 鞠躬礼

❖男士站式鞠躬礼

图1~3　双脚并拢，双手中指贴裤中缝，以腰为中心，背、后脑勺成一条直线，上半身前倾15°，稍作停顿，回复到站姿。此为平辈之间行礼。若是向长辈行礼，则前倾30°

❖男士坐式鞠躬礼

图1~4　坐姿，以腰为中心，上身向前倾10°

❖女士站式鞠躬礼

图1、2 双脚并拢，双手松开，贴着身体向下移至大腿根部，手带着上半身，前倾15°，背、后脑勺成一条直线，稍作停顿，身体缓缓站直，带着手回复到站姿。此为平辈之间行礼。若是向长辈行礼，手紧贴大腿，移至大腿中部，身体前倾30°

要领
女士手臂下坠成一弧形，切忌肘外翻或外撑

2. 揖拜礼

图1、2 双脚略分开，右手握拳，左手包于外，双臂成弧形向外推，身体略前倾。揖拜礼一般男士适用

3. 奉茶礼

❖男士奉茶礼

图1 奉前礼。正面对品茗者，双手端茶盘，以腰为中心，身体前倾，行鞠躬礼，茶盘与身体的距离不变，随身体重心下移略下移

图2 奉中礼。弯腰奉茶，伸出右手，五指并拢，手掌与杯身成45°角，示意"请用茶"

图3 奉后礼。奉茶毕，左脚后退一步，右脚跟上，与左脚并拢，再行鞠躬礼，示意"请慢用"

❖**女士奉茶礼**

图1　奉前礼。正面对品茗者，双手端茶盘，以腰为中心，身体前倾，行鞠躬礼，茶盘与身体的距离不变，随身体重心下移略下移

图2　奉中礼。蹲姿奉茶，伸出右手，五指并拢，手掌与杯身成45°角，示意"请用茶"

图3　奉后礼。奉茶毕，左脚先后退一步，右脚跟上，与左脚并拢，再行鞠躬礼，示意"请慢用"

要领
①以腰为中心，后背、后脑勺成一条直线 ②茶盘与身体的距离不变，不要把茶盘推开、举高或放低 ③正面面对品茗者

4. 注目礼

图1、2　布具完成后，泡茶前，习茶者正面对着品茗者，正坐，略带微笑，平静、安详，目光平视，注视品茗者，与品茗者交流，意为："我准备好了，将用心为您泡一杯香茗，请您耐心等待。"

5. 回礼

图1、2　奉茶者行礼时，品茗者应欠一下身体，或点一下头，或说一声"谢谢"，或用右手食指和中指弯屈，用指节间轻扣桌面，代表"叩首"之意

要领
凡是受了对方的礼，必须回礼。对方用什么礼，最好回同样的礼。但有时条件不允许，也可以简化

第二节
行茶基础动作修习

习茶基础动作有简单的动作，如叠茶巾，也有复杂的动作，如温杯，每一个动作含有一定的技术和技巧，既要符合人体工程学原理，又要美观、大方、舒适。泡茶的每一个动作都体现习茶者的基本功，熟练掌握基础动作后，才能进入行茶练习。

一、叠茶巾

茶巾分为两种，一种是用来擦器具底部、外部的有色、方形的全棉织品，称之为受污；另一种是用来擦器具内部与口部的白色全棉织品，称之为洁方。

❖四叠法

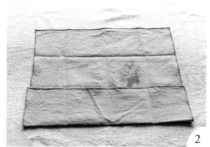

图1、2 从下向上折，下边与中线齐，成四分之一折

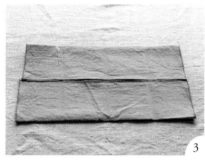
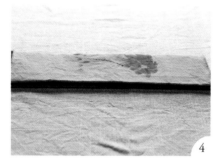

图3 从上向下折，上边与中线齐，成四分之一折

图4 以中线为轴再对折，弧形一边对品茗者，有缝一边对习茶者

❖八叠法

图1、2 从下向上折，下边与中线齐，成四分之一折

图3 另一边向中线折，成四分之一折

图4 长端向中线对折再成四分之一折

图5 以第二次对折的中线为轴，再对折

图6 弧形一边对品茗者，有缝一边对习茶者

❖**九叠法**

图1 一侧向内三分之一折

图2 另一侧向内三分之一折

图3 长端再向内三分之一折

图4 再对折

图5 弧形一边对品茗者，有缝一边对习茶者

2. 叠洁方

图1 三分之一折

图2 再对折

图3 弧形一边对品茗者，有缝一边对习茶者

二、温具

1. 温玻璃杯

❖温杯

图1、2　注入沸水三分之一杯，双手五指并拢，捧起玻璃杯

图3　右手中指和大拇指握住玻璃杯底部，其余手指虚握成弧形

图4　左手五指并拢，中指尖为支撑点，顶住杯底边

图5　双手握杯，两手臂放松成弧形，如抱球状。身体中正，头不偏，双肩平、放松，心静，气沉，神专注

图6　右手手腕转动，杯口先向习茶者身体方向侧斜，水倾至杯口，眼睛看着杯口

图7~10 右手手腕转动，杯口向右旋转

图11~15 右手手腕转动，杯口从右侧向前转，水在杯内均匀滚动，眼睛不离开杯口

图16~20 从侧面看，杯口继续向左旋转，水在杯内滚动

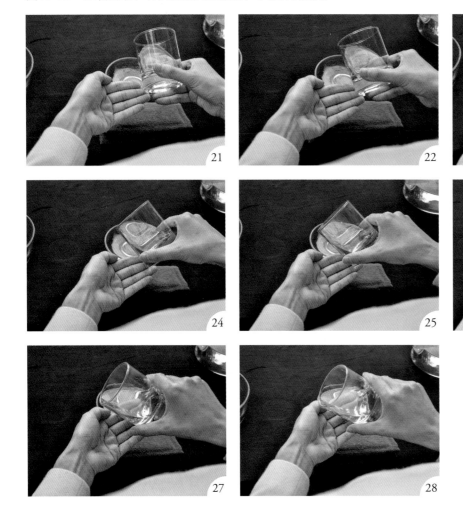

图21~28 从后面看，右手手腕转动，杯口向左转

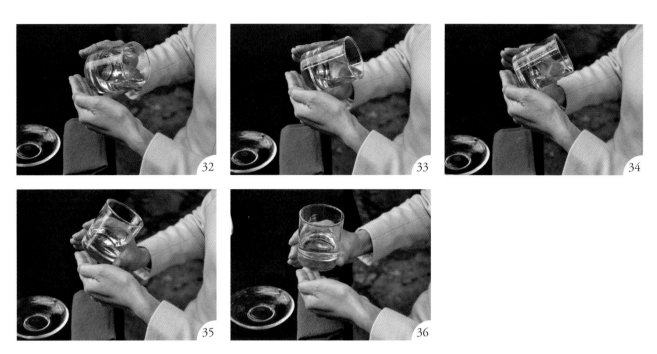

图29~36 从侧面看，杯口从左侧旋转至侧斜向习茶者身体方向，再回正

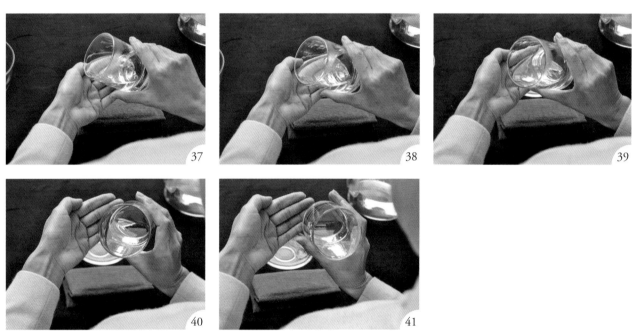

图37~41 从后面看，右手手腕转动，杯口向里转

图42 杯回正，水沿杯口转360°。身体中正，头不偏，双肩平

图43 双手移至水盂上方，准备弃水

❖右弃水

图1　玻璃杯回正

图2~5　双手捧杯移至水盂上方，左手换方向，托住玻璃杯

图6~10　左手不动，右手手腕转动，杯口向下45°，缓缓
往外推杯，水流入水盂中

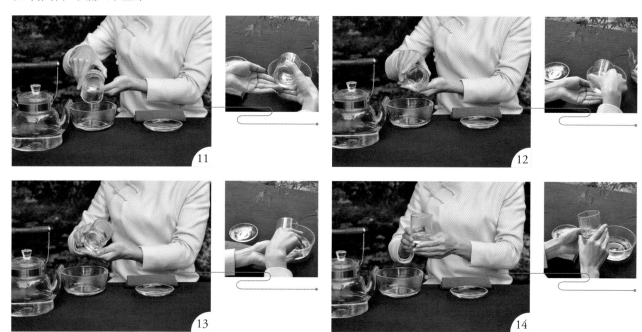

图11~14　右手手腕快速回转，收回茶杯

图15　在茶巾上压一下，吸干杯底的水

图16　茶杯放回原处

❖左弃水

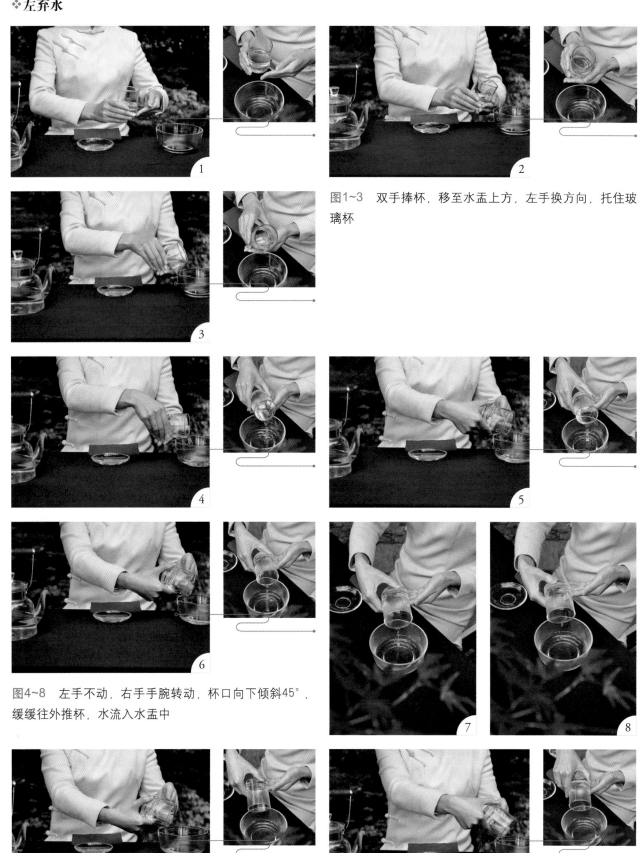

图1~3　双手捧杯，移至水盂上方，左手换方向，托住玻璃杯

图4~8　左手不动，右手手腕转动，杯口向下倾斜45°，缓缓往外推杯，水流入水盂中

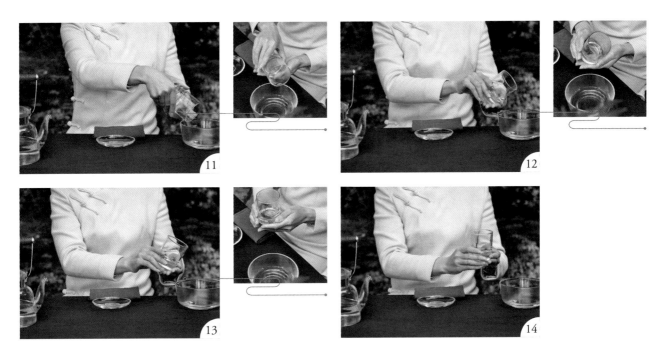

图9~14　右手手腕快速回转，收回

图15、16　在受污上压一下，吸干杯底的水，放回原处

要领
①右手握杯，始终不放开杯子，直至弃水完毕
②双手、肩关节、腕关节放松，肘关节下坠
③专注，温杯过程也是静心过程
④身体中正，双肩平，气沉，神专注

2. 温盖碗

❖温盖碗

图1~5　盖碗开盖，右手拇指、食指、中指持盖纽，无名指、小指自然弯屈，从碗面6点位置往右侧3点位置沿弧线移动盖子，并紧贴碗身，将碗盖插于碗身与碗托之间

图6~9　提水壶，移近身体

图10、11　手掌心贴住壶梁，作为支撑，同时调整壶嘴方向

图12~14　注水至碗的三分之一处

图15　放下水壶

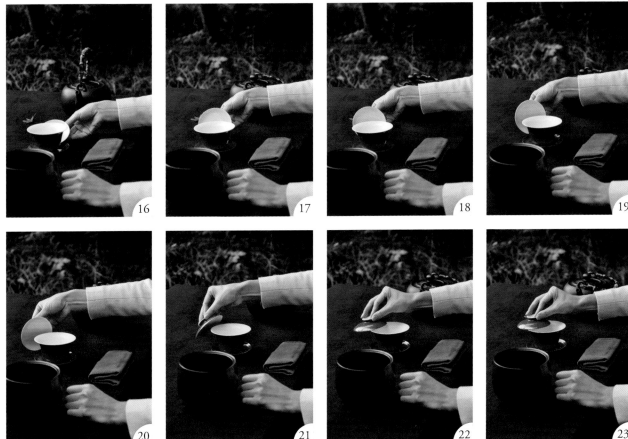

图16~24　右手持碗盖，从3点往12点沿弧线移动，再往碗口处移动，盖住碗身，与开盖的移动弧线形成一个"圆"

图25~28　大拇指与中指向上托住盖碗的翻边，食指压住碗盖，固定住盖碗

图29~31　左手五指并拢，手掌掌心成斗笠状，"虚"托在碗底

图32　双手持碗，身体中正，手臂自然弯屈成抱球状，双肩平，气沉，心静

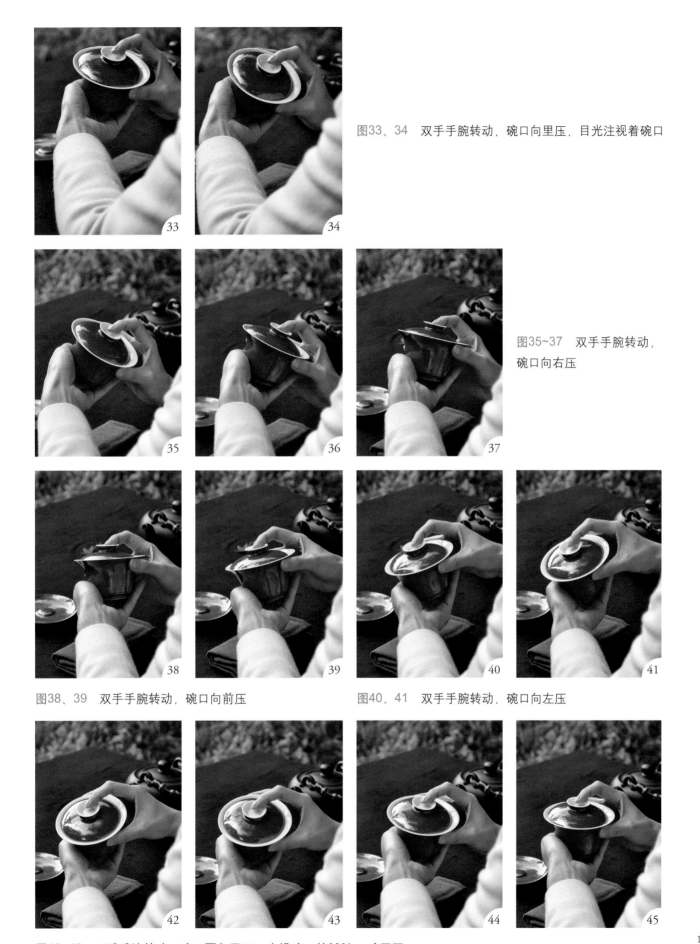

图33、34　双手手腕转动，碗口向里压，目光注视着碗口

图35~37　双手手腕转动，碗口向右压

图38、39　双手手腕转动，碗口向前压　　　图40、41　双手手腕转动，碗口向左压

图42~45　双手手腕转动，碗口再向里压，水沿碗口转360°，碗回正

❖**右弃水**

图1　左手掌轻托碗底，右手食指与拇指持纽移开盖，左边碗壁与盖沿留一条逢

图2、3　右手持碗，移至右侧水盂上方

图4~8　右手连同手臂缓慢往上提，水流入水盂中，肘关节下坠，手臂在一垂直平面上

图9　弃水毕，略停顿2、3秒，碗回正

图10~13　沿弧线收回盖碗，在受污上压一下，吸干碗底的水，放回原处

❖左弃水

图1、2　左手掌轻托碗底，掌心为空，右手食指放下

图3　双手持碗，移至左侧水盂上方

图4~7　左手松开，从碗底往上移动护盖

图8　左手揭开碗盖

图9　碗盖与碗口成45°角

图10~15　左手持盖不动，右手持碗沿碗盖内壁逆时针弃水

图16~18　弃水毕，略停顿2、3秒

图19~25　双手手腕转动，碗口对碗盖似有"吸引力"，同时回正

图26~29　收回，在受污上压一下，吸干碗底的水，放回原处

要领
①左掌为"虚"托，否则会烫手
②温杯时，双手手腕转动而非手指转动
③右弃水时，肘关节与腕关节、手臂在一垂直平面上，肘在腕下，不外翻

3. 温盅

❖温盅

图1~3　双手捧玻璃盅，至胸前

图5　若是传热较慢的陶质盅，右手握盅，左手五指并拢，掌心托住盅底

图4　左手五指并拢，中指支撑托住盅底边，右手握盅

图6　双手持盅，手臂自然弯屈成抱球状，双肩平，气沉，心静，目光专注

图7、8　右手腕转动，盅口向里压，目光注视着盅

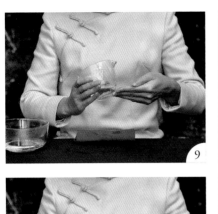

图11　目光始终注视茶盅

图12、13　右手腕转动，盅口从右向前压转

图14、15　右手腕转动，盅口从前向左压转

图16、17　右手腕转动，盅口从左再向里压转

图18 回正，目光仍注视茶盅

❖右弃水

图1~4 右手移盅至水盂上，右手连同手臂缓慢往上提，水流入水盂中，肘关节下坠，右手臂在一垂直平面上

图5 弃水毕，略停顿，盅回正

图6~11　收回茶盅，在受污上压一下，吸干盅底的水（没有水也要做这个动作），放回原处

要领

①玻璃盅或瓷质盅等易传热的器具易烫手，温盅的水不宜多，一般不超过三分之一盅
②左手中指抵住盅底边缘，不易烫手

---

4. 温品茗杯

（1）方法一——温稍大的品茗杯（品茗杯容积100毫升以上）

❖**温杯**

图1、2　右手拇指与中指握杯，食指、小指、无名指弯屈，虚护杯

图3　左手五指并拢，掌心成"斗笠状"，虚托品茗杯

图4　双手持杯，手臂自然弯屈成抱球状，双肩平，气沉，心静

图5、6　杯口先向里侧，水压到杯口，目光注视杯口　　图7、8　双手手腕转动，杯口转向右

图9~11　双手手腕转动，杯口转向前，目光不离开杯口

图12、13　双手手腕转动，杯口向左转

146

图14~16　双手手腕转动，杯口转向里，水沿着杯口转360°，身体中正，头不偏，双肩平　　图17　回正

❖**右弃水**

图1　右手持杯，移至右侧 图2~4　右手连同手臂缓慢向上提，手腕、肘在一个垂直平面上，水流入水盂中，肘关
水盂上方　　　　　　　　　　节下坠

图5　弃水毕，略停顿，杯 图6~8　杯收回，在受污上压一下，吸干杯底的水，放回原处
子回正

（2）方法二——温常用品茗杯（品茗杯容积70毫升左右）

❖**温杯**

右手取洁方

图2、3　双手交叉，左手包于右手外

图4、5　右手取品茗杯，左手持洁方

图6　右手虎口成弧形，护杯，左手虎口夹住洁方并挡护品茗杯，手臂自然弯屈成抱球状，双肩平，气沉，心静

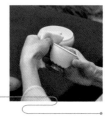

图7　杯口先向里侧，水压到杯口，目光注视杯口

图8　右手手腕转动，杯口转向右

图9　右手手腕转动，杯口转向前，目光不离开杯口

图10　右手手腕转动，杯口转向左

图11　右手手腕转动，杯口转回向里，水沿着杯口转360°，身体中正，头不偏，双肩平

❖右弃水

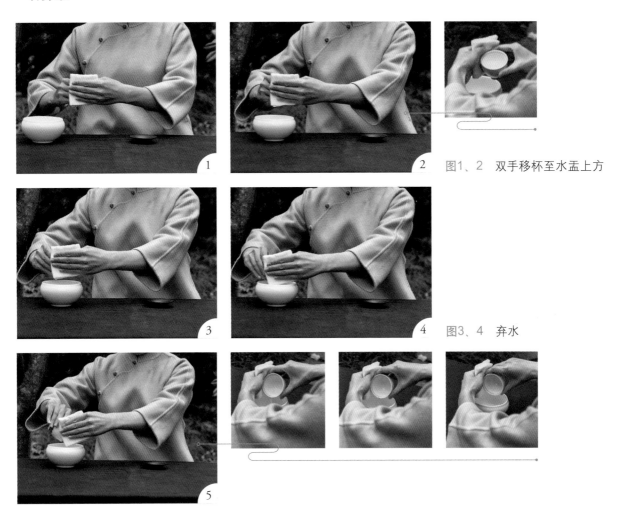

图1、2　双手移杯至水盂上方

图3、4　弃水

图5　弃水毕，略停顿

图6、7　用洁方吸干杯口的水

图8　杯回正，稍停顿

图9　放回杯托上

图10　双手捧洁方，右手包于左手外

图11　右手放下洁方

（3）方法三——温小品茗杯（品茗杯容积70毫升以下）

图1　杯中注入沸水，双手食指与拇指端杯，中指顶住杯底

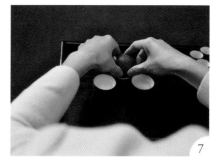

图2~7　双手拿起杯，同时放入另一个品茗杯中

图8~13　大拇指往外推，使品茗杯转动一圈，取出，放于原位

<table>
<tr><td>要领</td></tr>
<tr><td>①品茗杯与其他器具相比体积较小，注意手指不要碰到杯口
②弃水入盂后，杯子先回正，再收回
③温品茗杯的时间，一般是茶叶的浸泡时间，可长可短，根据具体情况而定</td></tr>
</table>

5. 温茶筅

图1　右手取茶筅，大拇指与食指持茶筅柄，其余手指自然稍弯，掌心为空

图2　从碗面的3点位置将茶筅放入茶碗中，左手五指并拢，护住碗身

图3 右手调整持茶筅的方向，手心朝里

图4 右手护立茶筅

图5、6 右手持茶筅，在碗中前后划"1"字

茶筅向左逆时针方向转

图7~12 茶筅在茶碗中逆时针画一个圆

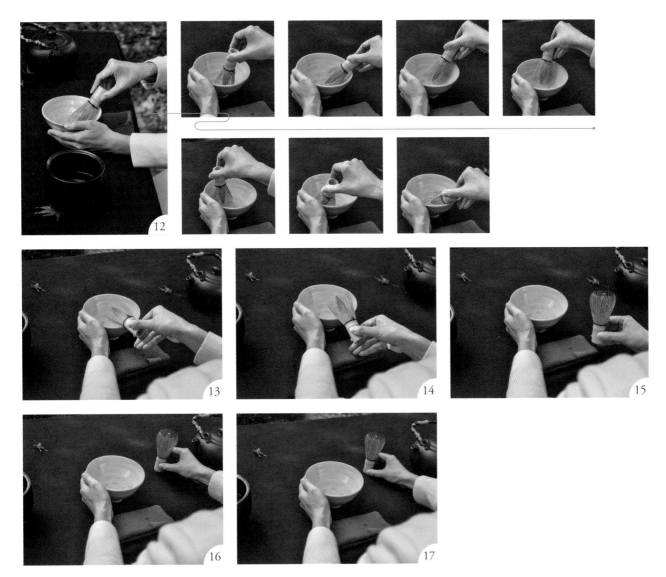

图13~17　右手持茶筅，从6点钟位置取出，立起

图18　放回原处

要领
①右手持茶筅，掌心为空
②从碗面的3点钟位置放入，
6点钟位置取出

6.温抹茶碗

❖温碗

图1 提起水壶，注水三分之一碗

图2、3 双手捧起茶碗

图4、5 左手掌心托碗底，右手虎口成弧形护碗身

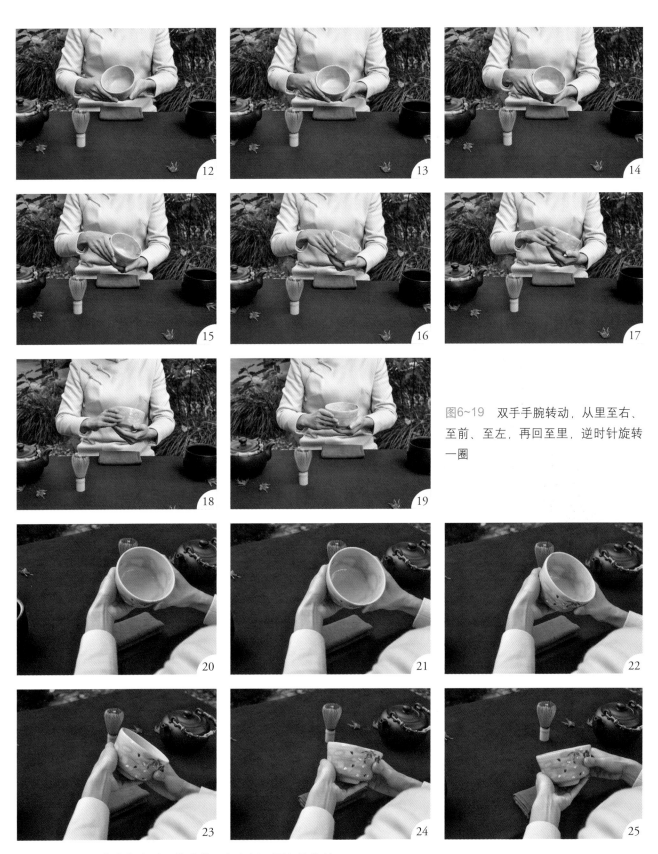

图6~19　双手手腕转动，从里至右、至前、至左，再回至里，逆时针旋转一圈

图20~25　从习茶者角度看，茶碗从里向右倾、再向外旋转

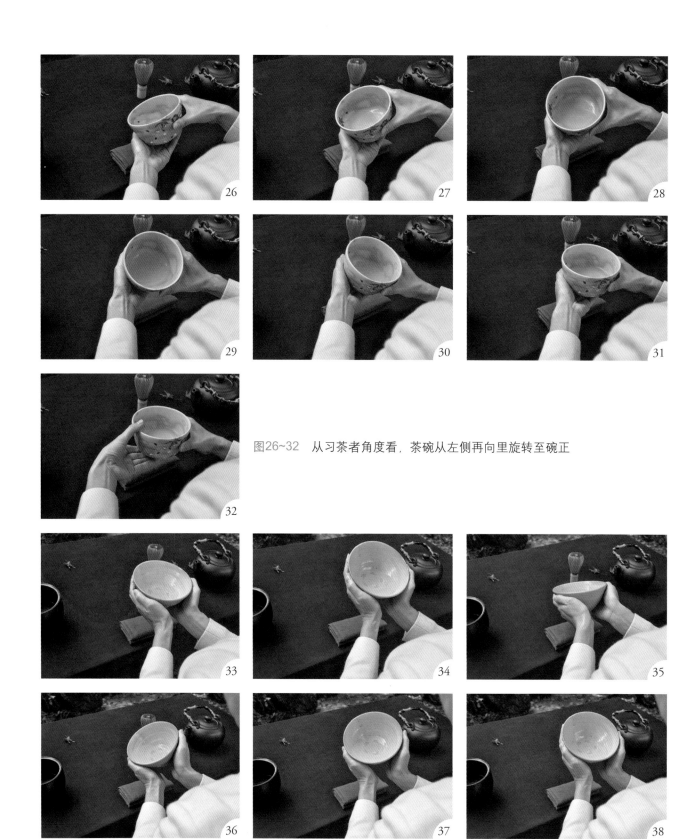

图26~32 从习茶者角度看，茶碗从左侧再向里旋转至碗正

图33~39 如用斗笠形茶碗（茶盏），用双手捧盏的方法，逆时针旋转一圈温茶盏

❖左弃水

图1~4 左手持碗，虎口张开，拇指与四指持碗口与碗底，弃水于水盂中，碗口与桌面垂直

从习茶者角度看

图5~7 回正、收回茶碗，在受污上压一下，吸干碗底的水渍

要领
①双手捧茶碗，举轻若重
②双手手腕转动，而非身体转动或手指转动

图8 双手捧碗，放回原位

图1、2　右手持壶（已注入三分之一壶开水）

图3　左手中指抵住壶底边，肩关节放松，肘关节下坠，双手抱球状，放松，静心

图4　手腕转动，茶壶向里侧

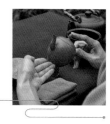

图5　手腕转动，茶壶向右转

图6　手腕转动，茶壶向前转

图7　手腕转动，茶壶向左转

图8、9　手腕转动，茶壶往里侧倾斜，左手中指仍抵住壶底边

图10 茶壶回正

图11 弃水

图12 茶壶在受污上压一下，吸干壶底的水

图13 茶壶放回原处

要领
①右手中指勾住壶把，食指压壶纽，固定住壶盖，但不能压住气孔 ②左手中指支撑壶底边缘

三、翻杯

1. 翻玻璃杯

图1 右手手腕放松，五指并拢，握住杯底，护住杯身，中指不超过杯身的二分之一，肘关节下坠，不外翻。左手托住杯底，手心相对。双手护杯，身体中正，头不偏，双肩放松，平衡

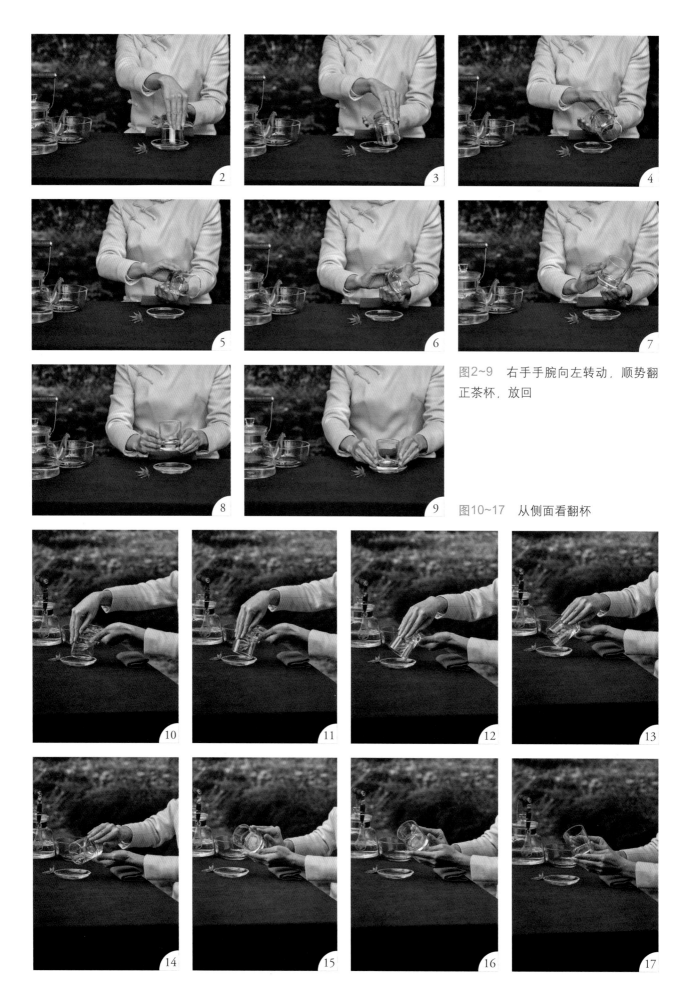

图2~9　右手手腕向左转动，顺势翻正茶杯，放回

图10~17　从侧面看翻杯

图18、19　翻正茶杯，放回

要领

①右手五指下垂护住杯身，肘关节不外翻

②身体中正

2.翻品茗杯

❖**女士翻杯**

图1　右手单手持杯，虎口成弧形，手腕松开，手指自然下垂，肘关节下坠，不外翻

图2~4　取杯至胸前

图5 右手手腕转动，翻杯，同时，左手手掌、手臂成弧形，挡住杯子

图6~11 右手手腕转动至杯口水平时，左手往里收至胸前，左手的运行轨迹好似画了个"竖圆"，右手放下品茗杯

要领同前

❖**男士翻杯**

图1 准备

图2 右手单手持杯，手腕松弛，手指自然下垂，肘关节下坠，不外翻

图3~5　右手手腕转动，翻杯，放下茶杯

要领同前

四、开、合茶叶罐盖

1. 瓷罐开、合盖

❖**瓷罐开盖**

图1、2　手掌心捧茶叶罐身，双手食指与拇指固定罐盖，向上顶，再转动茶叶罐，再往上顶，松开罐盖

图3~7　右手托罐盖，一边收回胸前，一边用右手中指拨转盖子，沿向里的半圆弧线轨迹放在桌上

163

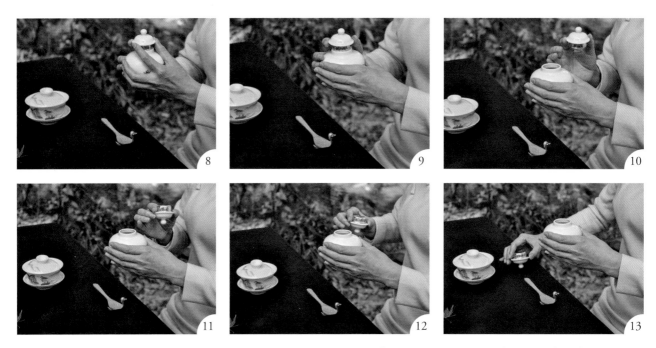

图8~13 从侧面看，右手托罐盖，往胸前收，用右手中指拨动，使罐盖口向上，向内、沿半圆弧线轨迹放于桌上

❖瓷罐合盖

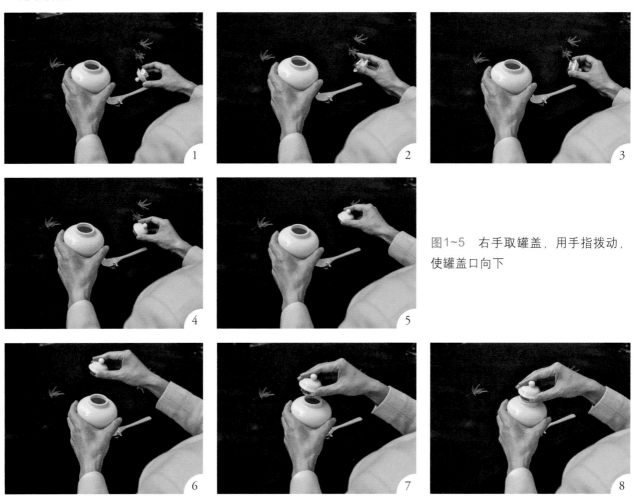

图1~5 右手取罐盖，用手指拨动，使罐盖口向下

图6~8 向外沿半圆弧线轨迹盖于罐上，与开盖的弧线轨迹形成一个"圆"

图9~12　手掌心捧茶叶罐身，手双食指与拇指固定罐盖，向下压，转动茶叶罐，再向下压，盖严，适当用力，避免发出响声

图13~15　左手将茶叶罐放回原位

图16~19　从侧面看，将茶叶罐放于原位

2. 竹罐开、合盖

❖竹罐开盖

图1~3　手掌心捧茶叶罐身，双手食指与拇指固定罐盖，向上顶，再转动茶叶罐，再向上顶，松开罐盖

图4~13　右手托罐盖，向胸前收，用右手中指拨动罐盖，使罐盖口向上，沿向内、半圆弧线轨迹，将盖放于桌上

图14　左手放下罐身

❖竹罐合盖

图1　准备

图2~6　左手护罐身，右手翻罐盖

图7~9　左手握罐，右手取盖，同时向中间移动

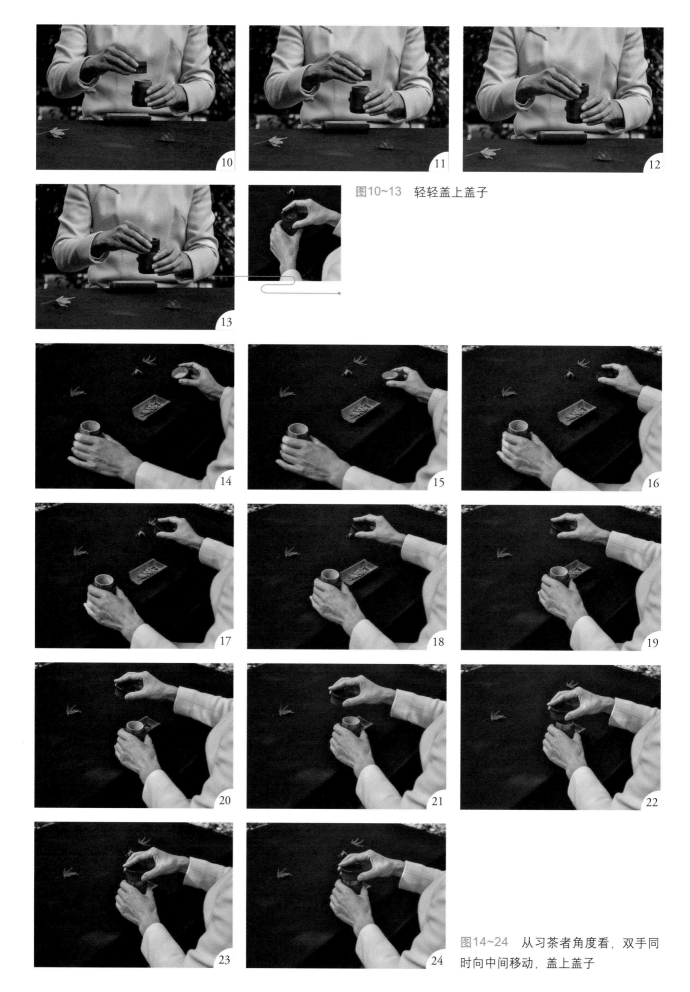

图10~13　轻轻盖上盖子

图14~24　从习茶者角度看，双手同时向中间移动，盖上盖子

图25、26　食指、拇指向下压

图27、28　将茶叶罐放回原处

要领	
①打开时，盖子向内沿弧线移动；合上时，盖子向外沿弧线移动，开、合盖形成一个圆形轨迹 ②松开罐盖后，右手顺势取盖如右图所示，注意右手的握法	

五、取茶、置茶

1. 茶瓢取茶、置茶

本法适用于取紧结、紧实、体积小的茶，左右手可以根据需要互换握茶瓢与茶罐。

❖取茶

图1　左手握茶罐，右手手心朝下，虎口成圆形，掌心为空，取茶瓢

图2~5 茶瓢水平移至茶罐口，头部搁在罐口，右手掌从茶瓢尾部滑下，手心朝上，托住茶瓢

图6 茶罐侧向身体，罐口向里，在茶罐内上方留出空隙

图7 右手持茶瓢，从茶罐内空隙插入

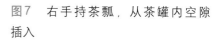

图8~10 左手握茶罐向外侧，罐口向外，茶瓢尾部同时往外，于是茶瓢中盛满茶叶

图11、12 左手手腕转动，罐口转向右侧，右手握茶瓢随茶罐转到右侧

图13~15　右手托茶瓢，取出茶叶

❖置茶

图1、2　将取出的茶叶置于泡茶器中

图3~9　茶叶罐回正，右手取茶瓢，茶瓢头部搁在罐口，右手掌从茶瓢尾部滑上，手心朝下，放下茶瓢

2. 茶匙取茶、置茶

本法适用于取松散、体积大的茶叶或抹茶（茶粉）。

图1　左手握茶罐，右手持茶匙，右手拇指与食指固定茶匙，其余手指自然弯曲，掌心为空，茶匙尾部顶于手掌，手为放松状态

图2~5　左手将罐口偏向右侧、罐身平，右手用茶匙拨茶叶入泡茶器

图6　回正茶罐

图7、8　放回茶匙

图9　置茶完成

3. 茶匙取抹茶

图1、2　左手取抹茶罐，移至身前

图3~7　左手握茶罐，右手开盖，盖口朝下，置于席面上

图8　右手取茶匙　　　　图9　转换成似握铅笔状持茶匙　　　　图10　左手移罐至茶碗9点钟位置上方

图11~13　茶匙从茶罐12点位置靠罐壁向下伸入茶粉中

图14~16　将茶匙靠罐内壁向上取茶粉

图17~19　取抹茶置于茶碗中心

图20~24　在刚才取茶粉处，再取一匙茶粉

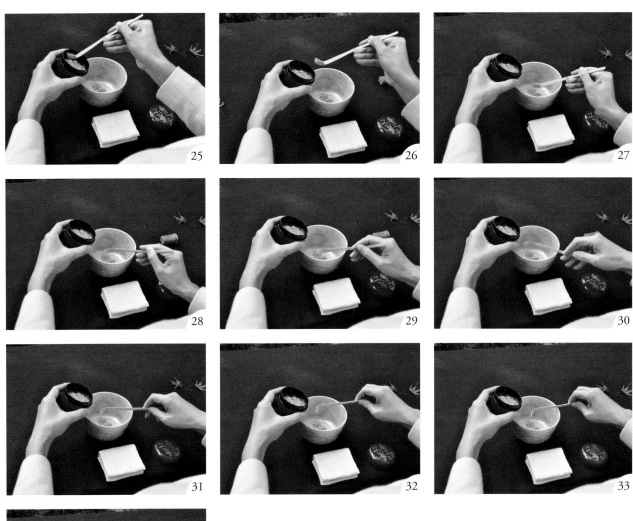

图25~34　将茶匙在茶碗3点位置处轻敲一下，使粘在茶匙上的抹茶粉落入碗中

图35、36　茶罐回正，茶匙放回

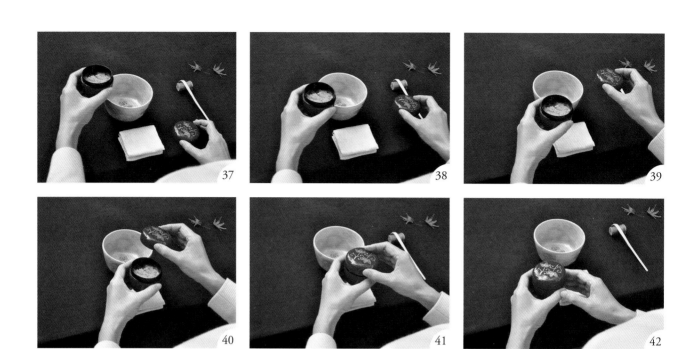

图37~42　盖上茶罐盖

4. 茶荷取茶、置茶

本法适合放一泡茶的量，茶需事先称好。

（1）右手握茶荷

❖取茶

图1~3　左手握茶叶罐，右手握茶荷向上翻

图4　左手倾斜茶叶罐、右手持茶荷

图5~8　左手前后转动茶罐，倾倒茶叶

图9~11　倾完即停，回正茶罐，放下

❖**置茶**

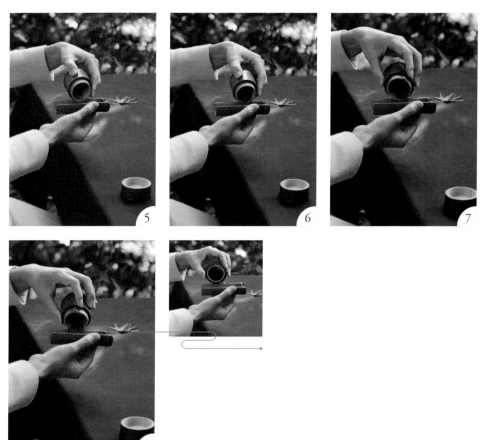

图1、2　茶荷中的茶叶置入泡茶器中

（2）左手握茶荷

❖取茶

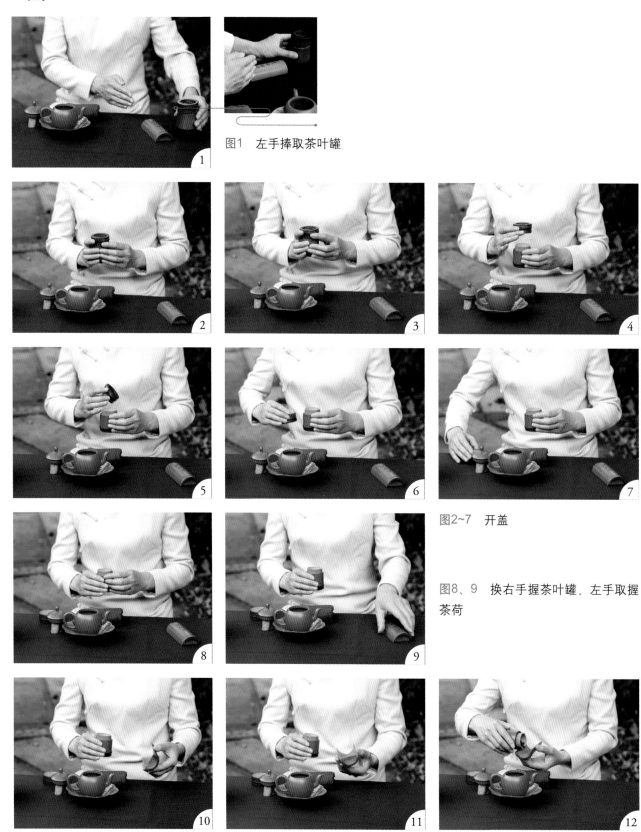

图1　左手捧取茶叶罐

图2~7　开盖

图8、9　换右手握茶叶罐，左手取握
茶荷

图10~12　茶荷向上翻，右手倾斜茶叶罐

图13~17 右手手腕转动，让茶罐内的茶叶倾出

图18、19 倾茶毕，放下茶叶罐

❖置茶

图1、2 腰转动，带着身体转向右，茶荷移至茶壶上方，成45°角向上抬，让茶入壶

图3~5 置茶毕，放下茶荷

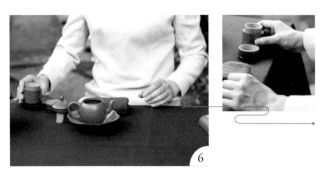 

图6　右手握茶罐

图7　罐交至左手

图8~13　右手取盖，合盖

图14、15　合好盖，放下茶叶罐

5. 茶匙与茶荷组合取茶、置茶

本法适用于给两个以上茶杯置茶，从茶叶罐中取出总的茶叶量，再均匀分入各杯中。

❖取茶

图1 左手握茶罐，右手持茶匙，茶匙尾部顶在手掌上，虎口成圆形

图2~5 左手将茶罐向右侧放平，右手持茶匙拨茶叶入茶荷，取茶量视杯的个数及每个茶杯的容量而定

图6 取茶毕，右手回正茶叶罐

图7 将茶匙搁在茶巾上，茶匙头部伸出茶巾外

图8 茶叶罐合盖，放回茶罐

❖置茶

图1 右手心朝下，端起茶荷

图2、3　左手也手心朝下，双手提起茶荷

图4、5　左手从茶荷左边往下滑，向上托住茶荷，掌心为空

图6　右手从茶荷右边往下滑，双手向上托住茶荷，掌心为空

图7、8　茶荷向里侧偏45°

图9　左手滑下托茶荷中部

图10~12　右手取茶匙，双手移至玻璃杯上方

图13、14　茶荷向内侧偏45°，茶荷出口对准第一个茶杯

图15~20　右手持茶匙，分几次将一杯所需的茶量拨入杯

图21~23　第一杯置茶毕，双手移至另一杯上方，再拨茶入杯

要领
①取茶时以不损伤茶叶为原则
②手托茶荷时，掌心为空，虎口成弧形，有利于茶荷调整方向
③给茶匙松口气，持茶匙时手放松，别死死握住

六、赏茶

图1　右手手心朝下，虎口成弧形，握住茶荷

图2　左手手心朝下，虎口成弧形，握住茶荷

图3　左手从上滑到下托住茶荷，手心朝上，虎口成弧形

图4　右手从上滑到下托住茶荷，手心朝上，虎口成弧形

图5~11　双手托住茶荷，自然弯屈成抱球状，双肩放松，肘关节下坠，腰带着身体向右转，然后腰带着身体从右转向左，从右向左请品茗者赏茶，目光注视品茗者

图12　身体回正

图13　左手从下往上滑，握茶荷

图14　右手从下往上滑，握茶荷

图15、16　赏茶毕，放下茶荷

2. 圆茶荷赏茶

图1　右手手心朝下，虎口成弧形，握住茶荷

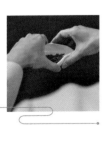

图2　左手手心朝下，虎口成弧形，握住茶荷

185

图3　左手从上滑到下托住茶荷，手心朝上，虎口成弧形

图4　右手从上滑到下托住茶荷，手心朝上，虎口成弧形

图5　双手转动方向，茶荷大口对着品茗者，小口对着习茶者

图6~11　双手自然弯屈成抱球状，双肩放松，肘关节下坠，腰带动上身向右转，从右边开始请品茗者赏茶，目光注视着品茗者

图12　身体回正　　　　　图13　左手从下往上滑，握茶荷　　　　　图14　右手从下往上滑，双手握茶荷

图15、16 赏茶毕，放下茶荷

七、摇香

1. 玻璃杯摇香

图1　双手五指并拢，捧起玻璃杯至胸前

图2　双手虎口相对，双手中指与中指相接，中指与大拇指固定住杯底，其余手指自然弯屈，手臂自然弯屈成抱球状，身体中正，头不偏，双肩平衡

图3　手腕转动，杯口先转向里侧

图4　手腕转动，杯口向右转

图5　手腕转动，杯口向前转

图6　手腕转动，杯口向左转

图7　杯口由左向里转

图8　手腕转动，杯口向里转，缓慢摇香一圈

图9　再快速转动两圈，茶杯回正，摇香完成

<table>
<tr><td>要领</td></tr>
<tr><td>①捧起茶杯时，双手虎口相对形成圆
②双臂成抱球状又成圆
③手腕转动而非手指转动、身体转动，手指始终不离开玻璃杯</td></tr>
</table>

2. 盖碗摇香

图1、2　双手捧起盖碗至胸前

图3　左手四指并拢与大拇指成开口向右的"⊂"形，四指指尖为支撑，托住碗底，大拇指护住碗边下方

图4　双手持碗，右手食指压住碗盖，手臂自然弯屈成抱球状，身体中正，头不偏，双肩平衡

图5　杯口先向里压 图6　手腕转动，杯口向右转 图7　手腕转动，杯口向前转

图8　手腕转动，杯口向左转 图9　手腕转动，杯口向里转 图10　再快速转动两圈，盖碗回正

图11、12　左手掌托碗底，掌心为空，右手持盖

图13　右手持盖，往外推，留出一条缝隙，可以闻茶香

图14　盖碗回正，摇香毕

要领
①左手指尖托碗底，大拇指托碗边下方
②手腕转动碗才转动，非手指转动，也非身体转动

八、提水壶

1. 男士提水壶

❖ **方法一**

图1　右手四指并拢，手心朝上，托住水壶提梁，肘关节下坠，肩关节放松

图2、3　虎口夹住提梁，靠手腕转动来调整水壶的方向，左手半握拳，与肩同宽搁在桌面上

❖ **方法二**

图1　右手四指并拢，手心朝下，握住水壶提梁，肘关节下坠，肩关节放松

图2、3　提起壶，掌心紧贴提梁，调整壶嘴方向

图4　注水

2. 女士提水壶

❖**方法一**

图1　右手四指并拢，手心朝下，握
住水壶提梁

图2　掌心为空

图3　肘关节下坠，肩关节放松

图4　水壶平移靠近身体，
右手下滑，掌心紧贴提
梁，手腕转动，调整水壶
的方向

图5、6　左手半握拳，与肩同宽搁在
桌面上，右手提壶注水

图7　放下水壶时，握提梁的方法如提起水壶

❖方法二

图1　右手四指并拢，手心朝下，握住水壶提梁，肘关节下坠，肩关节放松

图2~5　水壶平移靠近身体，水壶不动，右手右侧半边手掌下压，掌心紧贴提梁，手腕转动，调整水壶的方向，左手取受污

要领

①手掌紧贴提梁，可以借助手掌的力量，而不只用手指的力量

②肩关节、腕关节放松，可使水壶灵活调整方向

③切忌抬肘

图6、7　左手持受污托住水壶底部，右手提壶注水　　图8　放下水壶

九、注水

注水法		特点
斟		稳稳地注水
冲	高冲	一次冲水，高处收水，水的冲力较大
	定点冲	由高到低上下三次或一次，水的冲力大
泡		水的冲力小，茶汤柔和
沏		水的冲力更小，注水温柔

图1~4　手提水壶，往盖碗里注水，水流均匀，沿着碗壁逆时针旋转一圈或几圈，注水至需要的量时收水

斟水法适用于

① 注少量的水，温润一下茶叶

② 对水温要求不高的茶叶

③ 原料比较细嫩的茶叶

2. 冲

❖高冲

图1~4　手提水壶，对准泡茶器中心从最高处往下注水，水流均匀，注水至需要的量时在高处收水

高冲法适用于

① 原料比较成熟的茶叶

② 外形比较紧结或卷紧的茶叶

③ 需要快速出汤的茶叶

④ 用壶作为泡茶器，以便高冲时水不外溅

❖定点冲

图1 右手提水壶，对准玻璃杯9点与12点之间位置的杯壁

图2~7 从高处往下注水，水流均匀，注水至需要的量时在低处收水，使茶叶在杯内上下翻滚，以使茶汤浓度上下均匀

上述动作重复三次，茶叶会在容器内快速上下翻滚，以使茶的可溶物质快速溶出，茶汤浓度杯内上下一致

3. 泡

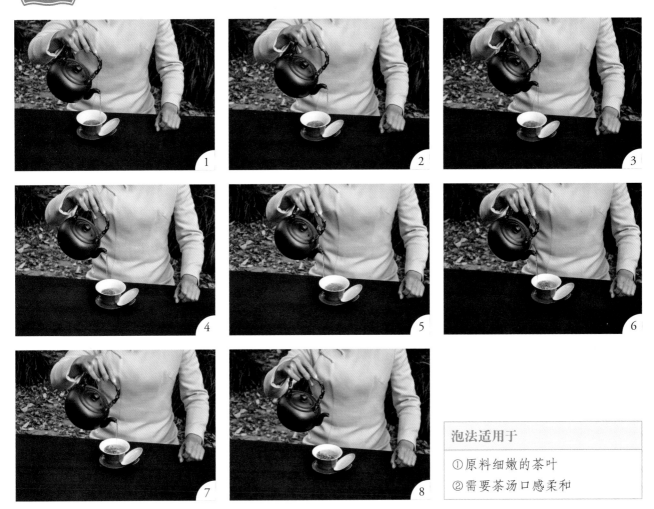

图1~8　手提水壶，从高处往下注水，水流均匀，水注紧贴着容器的壁逆时针旋转一圈，注水至需要的量时，在高处收水

泡法适用于

①原料细嫩的茶叶

②需要茶汤口感柔和

4. 沏

图1~3　右手提壶，左手持碗盖成45°角，水流先慢慢淋在碗盖内壁上，再慢慢流入盖碗中

十、点茶

图1　在装有茶粉的茶碗中注入少量热水，茶与水的比例为1:50

图2、3　右手取茶筅，从茶碗3点位置入碗，左手虎口成弧形，护住碗

图4　右手护立茶筅

图5~7　右手手腕放松，略提茶筅，离开碗底，快速前后画"1"

图8~10　前后画"1"，一直到茶沫浓、细、密

图11　从茶碗的6点位置沿碗壁取出茶筅，置于原位

十一、取、放器具

1. 双手端取

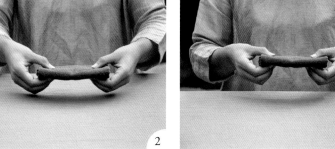

图1　双手虎口成弧形，端起茶巾　　图2、3　收到胸前

图4、5　放于右侧（或左侧）

2. 双手捧取

❖ **水壶**

图1~3　双手提水壶，右手为实，左手为虚，左手五指并拢护茶壶

图4~6　先移至胸前，再移至右侧

图7~9　右移，放下水壶

图1~3　双手五指并拢，捧起茶罐，移至胸前

图4~8　再从胸前移至左侧，放于茶桌上，右手为虚护

❖**玻璃杯**

图1~3　双手捧起玻璃杯

图4~7 移至胸前

图8~10 转换成温杯或摇香的手法

要领
①双手取放，轻取轻放，举重若轻
②虚实结合，身体中正

第三节
奉茶与饮茶
基础动作修习

奉茶与饮茶是一组习茶者与品茗者互动的动作，如习茶者奉茶与品茗者受茶，习茶者行礼与品茗者回礼。习茶者的每一个动作都表达对品茗者的尊重、体贴和诚意，品茗者也用心品尝这杯由习茶者用心冲泡的茶汤，心与心借一杯茶进行交流。

一、奉茶

图1　端茶盘于胸前

图2、3　右脚开步，走至品茗者正前方　　　　图4　转身正面对品茗者

图5　行奉前礼　　　　图6　品茗者回礼　　　　图7　奉前礼毕，回正

图8　左手托茶盘

图9　右手端杯

图10　男士端杯，弯腰将茶杯放至品茗者伸手可及处

图11、12　女士右蹲姿，左手托茶盘，右手端杯

图13　奉中礼。伸出右手，五指并拢，手掌与杯成45°角，示意"请"或"请用茶"

图14　品茗者回礼

图15、16　奉中礼毕，起身，左脚后退一步，右脚跟着并拢

图17　行奉后礼，意为"请慢用"

要领

①面对面正面奉茶，切忌侧面对着品茗者

②男士重心降低，弯腰即可，切忌下蹲

③女士蹲姿要稳，重心以低于品茗者为宜，切忌蹲"马步"

图1　端茶盘于胸前，走至品茗者正前面

图2　奉茶者行奉前礼，品茗者回礼

图3　左手托茶盘，右手端茶杯和托

图4、5　将茶杯端至品茗者手上

图6　习茶者行奉中礼，示意"请"或"请用茶"

7　图7　端茶盘，左脚往后退一步，右脚跟上

8　图8　行奉后礼，轻声说："请慢用"

3. 品茗者围坐圆桌，托盘奉茶

图1　左手托盘，蹲姿，重心下移　　图2　右手端杯　　图3　端杯至左边品茗者伸手可及处

图4　伸出右手，示意"请用茶"　　图5　品茗者回礼　　图6　起身

图7 端盘到胸前

图8 换右手托盘，蹲姿

图9 左手端杯

图10 端杯至右边品茗者伸手可及处

图11 伸出左手，示意"请"，品茗者回礼

图12 起身

图13 后退，奉茶毕

要领
①身体中正，下蹲时重心下移，稳重 ②可省略奉前礼和奉后礼

二、品饮

1. 盖碗品饮法

（1）女士盖碗品饮法

图1 右手端取盖碗

图2 将盖碗交给左手，左手食指与中指成"剪刀状"托底，拇指压住碗托

图3、4　右手取盖至鼻前，深吸一口气，闻香

图5~7　右手持盖，盖于碗上，靠里侧留一小缝

图8、9　右手手腕转动，虎口朝里，小口品饮

图10、11　饮毕，放下盖碗

要领

①左手托起碗托，以免烫手

②肩放松，双肘下坠

③品饮时，虎口朝里，挡住嘴

（2）男士盖碗品饮法

❖**方法一**

图1　右手端碗

图2　由右手将碗交给左手

图3　右手取碗盖，移至鼻前时深吸一口气，闻香

图4　碗盖向外推，靠里留出一条小缝

图5　右手大拇指压盖，手指托碗底，固定盖碗

图6　右手端碗托底，左手半握拳，与肩同宽搁于桌上

图7　小口品饮

要领
①动作大气，轻提轻放
②双肩放松，双肘下坠
③品饮时用虎口挡住嘴

图1 双手端碗

图2 将盖碗移至身前

图3 右手取盖

图4 闻香

图5 盖上碗盖，左侧留一条缝

图6 右手食指扣住碗盖，拇指、中指端茶碗，其余手指自然并拢

图7 右手端起茶碗，虎口朝里

图8 小口品饮

2. 品茗杯品饮法

❖ 无柄品茗杯品饮

图1　习茶者奉茶至品茗者伸手可及处

图2　双手端杯托

图3　将茶杯移近

图4　右手五指并拢端杯，食指高于杯口，起遮挡的作用

图5　端起茶杯，先观汤色

图6　小口品饮，虎口略朝里，以对方正面看不到嘴为度

图7　品饮茶汤后，闻杯底香

❖ 有柄小杯品饮

图1　习茶者奉茶至品茗者伸手可及处，茶杯柄在品茗者的右手边

图2　双手端杯

图3　将茶杯移近

图4　右手端起杯

图5　观茶汤色

图6、7　小口品饮

图8　闻杯底香

要领
品茗者若是"左撇子"，杯柄朝品茗者的左手边

❖双杯（闻香杯、品茗杯）品饮法

图1　双手虎口成弧形，端取杯与托至身前

图2~4　右手端小品茗杯，倒扣在闻香杯上，手心朝下

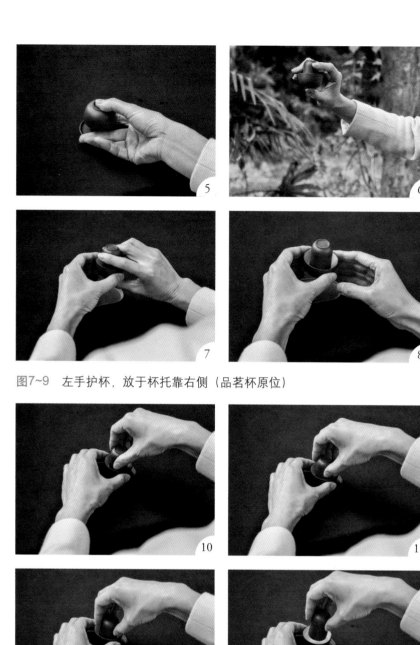

图5、6 手心朝上，食指与中指夹住闻香杯，大拇指压住品茗杯，固定，手腕垂直上下快速翻转，闻香杯倒扣在品茗杯上，转成手心朝下

图7~9 左手护杯，放于杯托靠右侧（品茗杯原位）

图10~14 左手护杯，右手向里转动（逆时针）闻香杯，轻轻往上提起

图15~18　右手掌握闻香杯，左手抱右手，由远及近三次闻茶香

18

19

20

21

图19~21　将闻香杯放回杯托左侧（原位）

22

23

图22、23　右手端杯，先观汤色

24　图24　虎口略朝里，小口品饮

要领
①切忌对闻香杯、品茗杯吐气
②肘下沉

图1 习茶者奉茶至品茗者伸手可及处　　图2、3 品茗者双手端杯将茶杯移近

图4 右手端起茶杯　　　　图5 先观汤色　　　　图6 小口品饮

三、端盘、收盘

1. 端盘

图1 身体为站姿，肩关节放松，双手臂自然下坠，小臂与肘关节平，端起茶盘，高度以舒服为宜

图2 双手虎口张开，四指托住茶盘

图3 茶盘离身体的距离为半拳

要领
①肘关节不外撑，手臂不外撑
②茶盘不过低、过高或过远

2. 收盘

❖**男士收盘**

图1~5　双手握住茶盘短边中间，茶盘靠身体左边，茶盘面与身体平行，茶盘最低一角离身体一拳距离。茶盘靠身体右边亦同

❖**女士收盘**

图1~4 双手握住茶盘对角，置于身体右边，茶盘面与身体平行，茶盘最低一角与身体一拳距离。茶盘放于身体左边亦同

要领
①男士双手握住茶盘短边中间，女士握对角，双手一上一下
②茶盘最低一角在身体的外侧，不在手上，也不在身体前，以防有水流下，淋湿衣服或手
③茶盘与身体平行
④从泡茶桌的右边入座，茶盘收于身体左边；若是从泡茶桌的左边入座，茶盘收于身体右边，以避免与泡茶桌碰撞。男士、女士同样

思考题

1. 每一个动作的关键点和要领是什么？

2. 姿态、举止的要领是什么？

主 要 参 考 文 献

[1] 蔡荣章. 茶道入门——泡茶篇. 北京：中华书局，2007.

[2] 蔡镇楚. 茶美学. 福州：福建人民出版社，2014.

[3] 陈宗懋，杨亚军. 中国茶经（2011年修订版）. 上海：上海文化出版社，2011.

[4] 陈宗懋. 中国茶叶大辞典. 北京：中国轻工业出版社，2000.

[5] 陈宗懋，甄永苏. 茶叶的保健功能. 北京：科学出版社，2014.

[6] 丁文. 茶乘. 香港：天马图书有限公司，1999.

[7] 冯友兰著, 赵复兰译. 中国哲学简史. 北京：外语教学与研究出版社，2015.

[8] 傅佩荣. 国学的天空. 西安：陕西师范大学出版社，2009.

[9] 龚淑英，鲁成银，刘栩等. 中华人民共和国国家标准. 茶叶感官审评方法.GB/T 23776—2009.

[10] 郭象注（晋），成玄英疏（唐），曹础基，黄兰发点校. 庄子注疏. 北京：中华书局，2011.

[11] 汉宝德. 如何培养美感. 北京：三联书店，2016.

[12] 江用文，童启庆. 茶艺师培训教材. 北京：金盾出版社，2008.

[13] 江用文，童启庆. 茶艺技师培训教材. 北京：金盾出版社，2008.

[14] 金基强，周晨阳，马春雷等. 我国代表性茶树种质嘌呤生物碱含量的鉴定. 植物遗传资源学报，2014,15（2）：279-285.

[15] 林语堂. 生活的艺术. 南京：江苏文艺出版社，2010.

[16] 李启彰. 茶器之美. 北京：九州出版社，2016.

[17] 彭林. 彭林说礼. 北京：电子工业出版社，2011.

[18] 彭林.中华传统礼仪概要.北京：高等教育出版社，2006.

[19] 汤漳平，王朝华译注.老子.北京：中华书局，2014.

[20] 童启庆，寿英姿.生活茶艺.北京：金盾出版社，2008.

[21] 童启庆，蔡荣章.影像中国茶道.杭州：浙江摄影出版社，2002.

[22] 王鑫，杨西文，杨卫波.人体工程学.北京：中国青年出版社，2012.

[23] 杨亚军，梁月荣.中国无性系茶树品种志.上海：上海科技出版社，2014.

[24] 杨亚军.评茶员培训教材.北京：金盾出版社，2008.

[25] 尹军峰.水质对龙井茶风味品质的影响及其机制.杭州：浙江工商大学博士学位论文.2015.

[26] 余悦，王建平.茶具清雅.北京：光明日报出版社，1999.

[27] 于丹.《庄子》心得.北京：中国民主法制出版社，2007.

[28] 张美娣，阮浩耕，关剑平等.茶道茗理.上海：上海人民出版社，2010.

[29] 郑佩萱.茶道.北京：北京联合出版公司，2015.

[30] 朱光潜.朱光潜谈美.上海：华东师范大学出版社，2012.

[31] 朱海燕.中国茶美学研究——唐宋茶美学思想与当代茶美学建设.北京：光明日报出版社，2009.

[32] 朱良志.中国美学十五讲.北京：北京大学出版社，2006.

[33] 朱自振，沈冬梅，增勤.中国古代茶书集成.上海：上海文化出版社，2010.

[34] 宗白华.美学散步.上海：上海人民出版社，2015.

[35] 中国科协学会学术部.茶与健康的科学研究.北京：中国科学技术出版社，2014.

[36] (日)北见宗辛.DVD茶道教室.东京：山と溪谷社，2011.

[37] (日)茶学の会.茶业と茶の汤.静冈：黑船印刷株式会社，2005.

[38] (日)冈仓天心著.谷意译.茶之书.济南：山东书画出版社，2012.

[39] (日)静冈县お茶と水研究会编.お茶と水.静冈县お茶と水研究会事务局，2001.

[40] (日)千宗室.薄茶点前 风炉•炉.东京：株式会社 淡交社，2010.

[41] Jin JQ, Ma JQ, Ma CL et al. Determination of catechin content in representative Chinese tea germplasms. Journal of Agricultural and Food Chemistry, 2014,62, 9436-9441.

[42] Yamamoto T, Juneja LR, Chu DC et al. Chemistry and Applications of Green Tea.New York: CRC Press LLC, 1997.

后 记

在我幼年的记忆里，茶是爷爷茶杯里苦涩的水，是奶奶接待家里来的客人时，表达热情、欢迎的一种方式。小时候只是偶尔尝一口茶，真正开始喝茶，是1993年跟随我的先生到中国农业科学院茶叶研究所工作之后。不知是先有姻缘还是先有茶缘，与茶结下不解之缘。

第一次看到"茶艺"是1989年的秋天，在浙江农业大学华家池的大草坪上，一位老师向外宾演示"茶艺"，当时冥冥之中，我心里似乎埋了一颗"种子"。后来由徐南眉老师推荐参加中国农业科学院茶叶研究所茶艺队，成为了研究所的第二代茶艺师。之后，一直从事推广、普及茶科学和茶文化工作，茶慢慢融入我的生活，也渐渐地改变着我，让我不断完善自己，这是我在工作之中得到的额外收获。二十多年来为茶叶事业孜孜不倦，对茶的理解也不断深入，很庆幸，我的兴趣与事业融为一体。

2008年，张罗编写出版了《茶艺师培训教材》和《茶艺技师培训教材》，至今重版多次，深受读者们的喜爱。但事隔多年，常感内容上需要做进一步的补充和完善。特别在我长期的茶艺教学实践和组织的三届全国茶艺职业技能竞赛中发现，茶艺复兴时间虽不长，但发展非常迅速。"关公巡城、韩信点兵"已是"过去式"了，我们不能就此止步。茶艺在发展中不断完善和丰满！所以，我想把对茶艺的一些阶段性思考、做法与感悟整理出来与大家一起分享，于是有了单独成书的念头。这个想法与中国农业出版社的李梅老师一拍即合！

　　从有初步提纲到成书大约花了五年时间，期间得到太多老师、朋友和同事的指导与帮助，还有我的家人默默的支持。中国科协书记处原书记沈爱民先生，工作上一直支持、指导和鼓励我，也给本书提出指导意见。好友刘伟华教授、于良子高级实验师从提纲到成书，多次提出修改和建设性的意见。事业有成的大学同学李生荣和俞伟英伉俪，他们对茶、对人生有独特的思考与见解，也对本书提出宝贵意见。我的先生陈亮研究员，他是我的第一位茶学老师，是本书的第一位读者，是对本书修改次数最多的人；我的女儿陈周一琪，画图是她的专长之一，虽然学习繁忙，仍抽时间为本书画了几幅插图。

　　本书图片量大，拍摄历时两年共10余次，工作量非常大，从3万多张照片中选用近5000张图片。我的同事梁国彪编审、好友摄影技师梓安都帮助拍摄。由于工作量巨大，最后，拍摄的任务落在浙江新昌年轻的俞亚民技师身上，感谢新昌娄国耀先生的引见。俞亚民以独特的审美观和对茶艺的理解，把每一幅图都拍得很精美，他常常修图到深夜！同事段文华副研究员参与第二章"习茶器具"的编写和全书的校对。我的小伙伴们：杨洋、丁素仙、薛晨、梁超杰、吕美萍、齐何龙等不辞辛苦，参与演示，还经常得到我的同事刘栩、袁碧枫、马秀芬、潘蓉等牺牲休息时间的帮助。

　　要做成一件事，需要团队的力量。感谢上述提到和没有提到的指导、帮助我的专家、同事、好友、同学和家人。犹如习茶一样，我怀着一颗敬畏之心、感恩之心、谦卑之心与平和之心来认真、专注地做每一件事；犹如习茶一样，追求完美而不执着于完美；犹如习茶一样，我们永远在路上，没有终点。将来还会与大家分享阶段性的成果。

周智修

2017年9月